THE TEXT OF GELATO

开家意式冰激凌店

[日]根岸清 著 孙中荟 译

中国轻工业出版社

前　言

"Gelato"即意式冰激凌、雪酪，拥有无限的可能性。

起源于意大利的"Gelato（意式冰激凌）"现在已广为人知，并且越来越受到欢迎。"Gelato"是意大利语中冰激凌、雪酪等的总称。意式冰激凌专营店也有自己的意大利语名字，叫作"Gelateria"。

在日本，根据冰激凌的成分不同，相应的名称也会发生变化，比如牛奶冰激凌、乳酸冰激凌等（参考第11页）。但在意大利并没有这样的说法。本书介绍的是制作意式冰激凌以及雪酪时需要用到的知识以及技术。

在意式冰激凌中，无论是奶味十足的冰激凌，还是相比起来更加爽口的雪酪，都很有人气。这两种产品都能够被赋予多彩的变化，也有拥有50~100种餐品的意式冰激凌专营店。在日本，也有含和风元素的意式冰激凌大受欢迎的先例。总之，意式冰激凌具有无限的可能性。

随着市场对专业性及高品质的追求，意式冰激凌行业大有前途。

以水果为首，意式冰激凌还能够创造性地加入巧克力、坚果、蔬菜、抹茶等食材以丰富口感。通过在食材的搭配组合上下功夫，能够开发出更多新的口味。

除此之外，新鲜美味也是意式冰激凌的一大魅力所在。比如，使用时令水果制成的雪酪，就能够让你品尝到食材的原汁原味。这是店里当天制作、当天销售的意式冰激凌才能够拥有的味道，也难怪能够吸引到那么多食客了。

意式冰激凌能够根据作者的灵感产生源源不断的新口味、在店里当天制作能够提供有保

障的新鲜口感，集这些优点于一身使得意式冰激凌在这个追求专业性和高品质的时代潮流中越来越受欢迎，因此我们可以说，意式冰激凌行业发展前景非常好。

除了意式冰激凌专营店，本书也可以为饭店、咖啡馆提供参考。

本书网罗了从意式冰激凌的基本知识到多彩变化的一系列配方。从选择上来说，不仅有意式冰激凌专营店所需要的，还包含了饭店或咖啡馆也能够使用的配方。算上冰激凌和雪酪的原创配方，本书一共收录了70种以上的做法。

不过，无论是什么样的菜或甜品，根据你希望它最后呈现出来的味道，在食材的选择以及用量上也需要相应地进行调整，意式冰激凌也是如此。所以重点就在于，要掌握好最

基础的知识以及技巧，在此基础之上再进行创新。

因此，本书准备了制作意式冰激凌的基本流程、冰激凌液的制作、糖类使用的相关知识、水果用法的相关知识、"膨胀率"的相关知识等章节，来说明制作美味的意式冰激凌时不可或缺的知识以及技巧，在此基础之上再介绍各种配方。

除此之外，成本价格也会标注在食谱旁边。除了技术之外，我们也从经营者的角度为大家提供了参考。本书还额外介绍了用意式冰激凌做冰激凌蛋糕的技巧。

意式冰激凌的美味能让食客露出笑容，能让食客喜笑颜开的意式冰激凌能为店铺带来好的收益。我们希望这本书能够为大家做出这样的冰激凌贡献一分力量。

目 录

39

CHAPTER

2

冰激凌的变化

89

CHAPTER

3

雪酪的变化

123

CHAPTER

4

制作冰激凌蛋糕

※阅读本书之前

• 本书介绍的是"制作意式冰激凌、雪酪的知识和技术",理论上认定在同一家店自产自销。

• 意式冰激凌的配方会因为个人追求味道的不同而产生食材及用量上的变化,本书中介绍的配方仅供参考。

• 本书所介绍的意式冰激凌配方的分量,以"食材合计1000克"为基准,实际操作时,请根据销量进行调整。

• 意式冰激凌不仅会受到配方的影响,根据使用机器的不同,最终呈现的结果也不同,请在理解本条的基础上参考配方做法。

意式冰激凌的特点和魅力

首先，我们笼统地介绍一下几个关于意式冰激凌的特点和魅力。

第一，"纯天然的味道"是意式冰激凌最大的特点。制作意式冰激凌时基本上都会选用新鲜的食材，很少使用人工添加剂以及防腐剂。

第二，意式冰激凌中的空气含量较低，约为30%。"绵密"也是其魅力之一。与此同时，意式冰激凌中的脂肪含量也较低，控制在4%~7%，口感比较轻盈。

除此之外，意式冰激凌基本上是同一家店铺自产自销。刚出炉的"新鲜产品"也是意式冰激凌的一大卖点。

因此，"纯天然的味道""绵密""口感轻盈""新鲜的产品"构成了意式冰激凌的基本特点以及魅力。

想要做出具有这些特点及魅力的美味意式冰激凌，除了配方之外，最重要的当属

脂肪含量低、口感轻盈
意式冰激凌的脂肪含量较低，控制在4%~7%，口感比较轻盈。

纯天然的味道
制作意式冰激凌时基本上都会选用新鲜的食材，很少使用人工添加剂以及防腐剂。牛奶和水果天然的味道是意式冰激凌的魅力所在。

刚出炉的新鲜产品
意式冰激凌基本上是同一家店铺自产自销。刚出炉的"新鲜产品"也是意式冰激凌的一大卖点。

口感绵密
意式冰激凌中的空气含量较低，约为30%。口感绵密也是意式冰激凌的特点之一。

纯天然新鲜的味道加上绵密顺滑的口感，如此美味的意式冰激凌受到许多人的喜爱。

"材料的品质"了。要说美味秘诀的50%取决于材料的品质也并不夸张。正因如此,选材时必须要非常谨慎。

那么秘诀中剩下的50%就在于"水果的使用""调理加工的技巧""机器和工具的使用""保存的方法"等。

举例来说,"水果的使用"这一点之所以重要,是因为根据成熟情况味道会发生变化的水果品种不在少数。除此之外,根据食材的不同,调整"调理加工的技巧"也是很有必要的;紧接着,掌握以巴氏杀菌机和冰激凌冷冻机等为首的"机器和工具的使用"、包括温度管理的"保存方法"也是非常必要的。

如果能做到这些,基本上就可以把握好冰激凌的口感了。当然,各个店铺的配方不同,制作出来的冰激凌口感也会不一样,这里需要个人的努力。但是在此之前,还是需要各位掌握好本书接下来提到的几个基本点,在此基础上再进行创新。

我认为,在牢牢掌握好基本的知识和技巧之后就可以考虑原创新品冰激凌了。

制作美味意式冰激凌的重点

其他要素

水果的使用
各种各样的水果都可以用于制作意式冰激凌。很多水果根据成熟情况,香味、颜色以及味道会发生变化,因此水果使用时期的选择是很重要的。

调理加工的技巧
不同的水果要采取不同的处理方法,有煮过之后使用的,也有制成糊状后使用的,所以调理加工的技巧也是能否制成美味冰激凌的重点。

机器和工具的使用
了解如何操作巴氏杀菌机和冰激凌冷冻机等机器也是非常重要的。

保存方法(温度管理等)
好不容易制作出了美味的意式冰激凌,如果在保存的时候没有调节管理好温度,会导致冰激凌质量下降,需要注意。

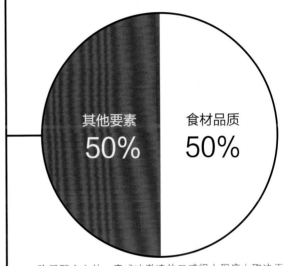

除了配方之外,意式冰激凌的口感很大程度上取决于食材的品质,除此之外还有一些会影响到冰激凌口感的重要因素。首先,必须好好掌握这些基本的要点。

冰激凌和冰点的分类

在日本,根据固形物含量的不同,其名称也不同,除此之外还规定了冷冻饮品的卫生指标要求。在售卖冷冻饮品的时候,必须要标明产品类别以及成分等。脂肪含量在4%~7%的意式冰激凌,按照日本的标准应该是"牛奶冰激凌"一类。

类别	固形物含量	脂肪含量	大肠杆菌群	菌落数
奶油冰激凌	15.0%以上	8.0%以上	阴性	10万以下/克
牛奶冰激凌	10.0%以上	3.0%以上	阴性	5万以下/克
乳酸冰激凌	3.0%以上	—	阴性	5万以下/克
冰点	不包含在以上分类的冷冻饮品(固形物含量不到3%)		阴性	1万以下/毫升

※ 菌落数指除去作为发酵乳或乳酸菌饮料原料之外的菌群总数。

制作意式冰激凌的基本流程

制作意式冰激凌时，有一些基本的流程。

首先是制作"冰激凌液"。冰激凌液是将牛奶、淡奶油之类的乳制品和砂糖之类的糖类混合（搅拌）在一起之后得到的液体。

将冰激凌液和水果、巧克力、坚果等各式食材混合在一起后，就能制成口味丰富的冰激凌了。

冰激凌液分为白色和黄色两种。最主要的区别就在于是否使用蛋黄。加入蛋黄后冰激凌液就会变黄，因此被叫作黄色底料。

在意式冰激凌专营店会使用巴氏杀菌机来处理冰激凌液。如果使用巴氏杀菌机，就可以在保持适当的温度、满足卫生标准的前提下杀菌，一次制作大量的冰激凌液。

那么，对于一些将意式冰激凌作为甜点提供给客人的饭店、咖啡馆来说，对冰激凌

雪酪	冰激凌（使用冰激凌液）	
无论是意式冰激凌专营店还是饭店、咖啡馆，基本的流程都没有区别	不使用巴氏杀菌机的饭店、咖啡馆	使用巴氏杀菌机的意式冰激凌专营店
将各种食材用搅拌机打碎后放入冰激凌冷冻机	用锅制作冰激凌液	用巴氏杀菌机制作冰激凌液
▼	▼	▼
	将冰激凌液和各种食材放入冰激凌冷冻机	将冰激凌液和各种食材放入冰激凌冷冻机
▼	▼	▼

完成

在意式冰激凌专营店里，可以使用一种叫巴氏杀菌机的专业机器，它能一次性制作大量冰激凌液。与此相对，在冰激凌液使用量没那么大的饭店、咖啡馆，可以使用普通的锅制作冰激凌液。专营店和饭店、咖啡馆的区别就在于此。

巴氏杀菌机

如果使用巴氏杀菌机，可以在达到卫生标准进行加热杀菌的前提下，制作出品质稳定的冰激凌液。图中的巴氏杀菌机为意大利艾尔弗雷莫（El Framo）公司制造。

液的用量需求没有那么大，因此也可以使用普通的锅来制作。

虽然制作冰激凌液时使用的工具不同，但之后的流程是一样的。将冰激凌液和各种食材放入冰激凌冷冻机里即可。

制作不使用冰激凌液的雪酪时，不论是意式冰激凌专营店，还是饭店和咖啡馆，只需要把各种食材放入搅拌机里打碎，再放入冰激凌冷冻机里即可。

冰激凌专营店和饭店、咖啡馆的区别就在于冰激凌冷冻机的大小。冰激凌专营店使用的当然是大型的冷冻机，而饭店、咖啡馆使用的是相对较小的冷冻机。

不管怎么说，这里需要大家明白的一点就是，在制作意式冰激凌时最重要的是冰激凌液的制作。从下一页我们开始讲解关于冰激凌液的基础知识和制作技巧。

将冰激凌液和多种材料混合在一起，制作多彩的冰激凌

黄冰激凌液　　白冰激凌液

+

水果、巧克力、特色元素食材等

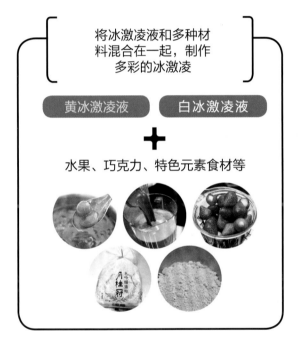

冰激凌液分为黄、白两种

黄冰激凌液　　白冰激凌液

冰激凌液分为黄、白两种，使用蛋黄的为黄冰激凌液。这些冰激凌液可以和水果、巧克力等多种食材结合在一起，制作出口味丰富的冰激凌。选择冰激凌液时，要考虑哪种在口味上更适合接下来要混合在一起的食材。

冰激凌冷冻机

将冰激凌液和各种食材放入冷冻机中，就可以制作冰激凌了。制作不使用冰激凌液的雪酪时，将水果、糖、水之类的各种食材放入冷冻机里即可。图中的冰激凌冷冻机为意大利艾尔弗雷莫公司制造。

冰激凌液的制作

不论是制作白冰激凌液还是黄冰激凌液，最基本的食材都是乳制品和糖。

以牛奶为首的乳制品可以提供乳香味。用于制作冰激凌的乳制品除了牛奶以外还有淡奶油和脱脂奶粉。使用的种类和分量应该根据乳制品自身的特点、成本，以及制作意式冰激凌时最重要的"水分与固形物的比例"（参考第22页）来决定。

除此之外，一般情况下制作意式冰激凌时基本都会选用细砂糖，而掌握好"糖的比例"也是非常重要的。糖的比例不仅影响冰激凌的甜度，还会影响冰激凌的冰点。更多关于糖的知识，请参考本书第23页。

本书介绍的冰激凌液食谱，是综合考虑了口味和成本因素之后，为了得到恰到好处的浓度、乳香以及甜度，下了大功夫研究后严选出的食谱。

制作冰激凌液的主要食材

乳制品

脱脂奶粉

脱脂奶粉是将鲜牛奶脱去脂肪再干燥而成的。增加乳香风味时使用。

淡奶油 **牛奶**

制作冰激凌液时，使用的乳制品主要是牛奶和淡奶油。本书中所使用的是乳脂肪含量在3.5%以上的牛奶和45%的淡奶油。

乳化稳定剂

"乳化剂"和"稳定剂"也发挥着重要的作用（参考第33页）。比如，稳定剂能帮助冰激凌变得更顺滑。

※本书中冰激凌液所使用的稳定剂，根据用量范围在0.6%~1%的标准（含糖稳定剂），1000克的成品相应的使用量为10克稳定剂（第20页的醇厚香草冰激凌液使用6克）。不含糖稳定剂用量标准则在0.2%~0.5%。根据以上标准来调整稳定剂用量即可。

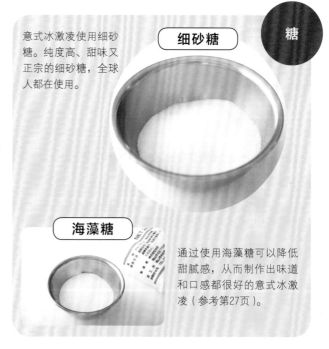

糖

意式冰激凌使用细砂糖。纯度高、甜味又正宗的细砂糖，全球人都在使用。

细砂糖

海藻糖

通过使用海藻糖可以降低甜腻感，从而制作出味道和口感都很好的意式冰激凌（参考第27页）。

从第39页开始的食谱都会用到这些冰激凌液

冰激凌液食谱

黄冰激凌液

食材

牛奶　685克

淡奶油　90克

冷冻蛋黄（加自身重量20%的糖）　37克

脱脂奶粉　30克

细砂糖　103克

海藻糖　45克

乳化稳定剂　10克

合计　1000克

白冰激凌液

食材

牛奶　680克

淡奶油　120克

脱脂奶粉　30克

细砂糖　115克

海藻糖　45克

乳化稳定剂　10克

合计　1000克

※乳化稳定剂的用量参考第14页的注释

做法

※使用巴氏杀菌机

1 将牛奶、淡奶油放入巴氏杀菌机（※将机器设定为40℃低速搅拌模式。如果无法设定该模式，可以等达到40℃之后再放入淡奶油）。

2 机器达到40℃后，倒入已经搅拌均匀的脱脂奶粉、细砂糖、海藻糖，以及乳化稳定剂（※制作黄冰激凌液时，在这个步骤之后再倒入已经解冻好的蛋黄）。

混合粉末状食材时避免结块

使用巴氏杀菌机的情况下，只需要按照顺序倒入食材即可制作冰激凌液，但需要注意的是粉末类食材的添加方法。将脱脂奶粉、细砂糖、海藻糖、乳化稳定剂等粉末状的食材好好搅拌，之后再倒入机器里就不容易结块了。

3 大约120分钟之后，冰激凌液就制作完成了。将制作好的冰激凌液转移到其他容器里。

用白冰激凌液制作牛奶冰激凌

MILK ICE MADE OF WHITE BASE

用冰激凌液制作的原味冰激凌

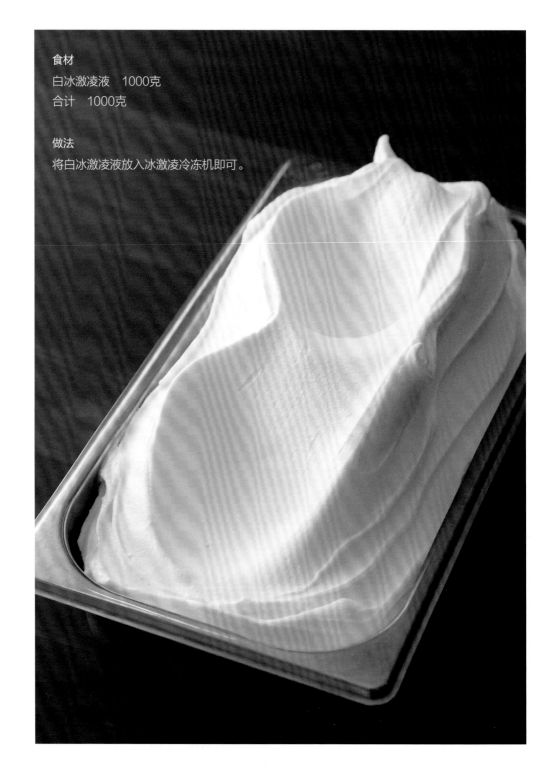

食材
白冰激凌液　1000克
合计　1000克

做法
将白冰激凌液放入冰激凌冷冻机即可。

这里介绍的是使用第15页的冰激凌液制成的"原味冰激凌"。意式冰激凌可以通过将冰激凌液和各种食材混合在一起制出丰富的口味，也可以仅使用黄、白冰激凌液制出美味的原味冰激凌。

接下来要介绍两种冰激凌，一种是只需把白冰激凌液倒入冰激凌冷冻机中即可制成的牛奶冰激凌，另一种是在黄冰激凌液中加入香草荚添加风味的香草冰激凌。这些受到大众喜爱的口味才是真正的经典。

制作"牛奶冰激凌"时只需要把冰激凌液倒入冰激凌冷冻机里即可。这样就可以品尝到最原汁原味的乳香。

用黄冰激凌液制作香草冰激凌
VANILLA ICE MADE OF YELLOW BASE

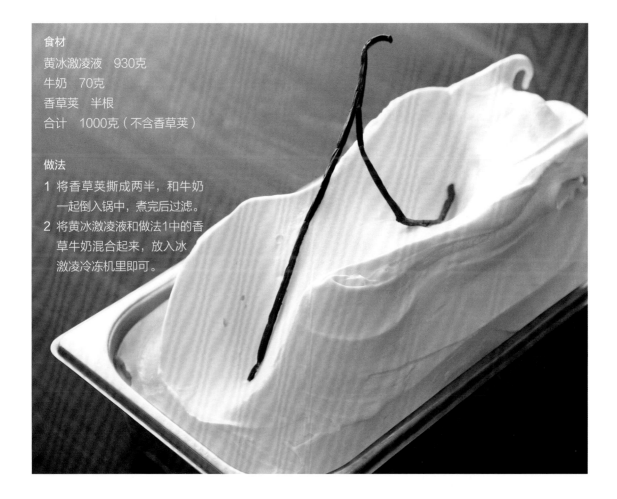

食材

黄冰激凌液　930克
牛奶　70克
香草荚　半根
合计　1000克（不含香草荚）

做法

1 将香草荚撕成两半，和牛奶一起倒入锅中，煮完后过滤。
2 将黄冰激凌液和做法1中的香草牛奶混合起来，放入冰激凌冷冻机里即可。

冰激凌液的配方根据个人期望味道的不同，在食材和用量上也会发生变化。第15页中介绍的冰激凌液食谱在浓度、乳香、甜度、顺滑度上都下了大功夫，如果想要追求"奶味更足""层次感更丰富"的话，可在现有的食谱基础上再进行创新。接下来要介绍的就是这些食谱的例子。

比如，使用第15页的食谱中没有用到的脱脂浓缩奶。市面上出售的脱脂浓缩奶品种较少，因此相对来说成本较高，但是使用脱脂浓缩奶制作出来的冰激凌奶香味会更浓一些。除此之外，还会介绍大量使用淡奶油来提高冰激凌口感层次度的食谱。

当然，根据使用的糖的种类，冰激凌的口感也会发生变化。接下来会介绍使用水饴的食谱，这样做出来的冰激凌在口感上会更加顺滑。

天然的乳香味

使用脱脂浓缩奶的食谱

不使用脱脂奶粉而是使用脱脂浓缩奶的食谱。脱脂浓缩奶是将牛奶中的脂肪去除之后浓缩得到的，能够更好地品尝到天然的乳香味。

黄冰激凌液

食材
牛奶　495克
淡奶油　95克
脱脂浓缩奶　180克
冷冻蛋黄（加自身重量20%的糖）　37克
水饴　50克
细砂糖　103克
海藻糖　30克
乳化稳定剂　10克
合计　1000克

做法
1 将牛奶、淡奶油、脱脂浓缩奶放入巴氏杀菌机中（※设定40℃低速搅拌模式。无法设定该模式的情况下，待温度达到40℃之后再加入淡奶油）。
2 待温度达到40℃之后，倒入已经搅拌均匀的细砂糖、海藻糖、乳化稳定剂，最后倒入水饴即可（※制作黄冰激凌液时，还需放入解冻好的蛋黄）。

白冰激凌液

食材
牛奶　490克
淡奶油　130克
脱脂浓缩奶　180克
水饴　50克
细砂糖　110克
海藻糖　30克
乳化稳定剂　10克
合计　1000克

※乳化稳定剂的使用量参照第14页的注释

水饴

水饴属于制作意式冰激凌时会使用到的糖类之一，能够起到改善口感的作用。本书中使用到的水饴为林原株式会社生产的"海乐糖（HALLODEX）"。

大量使用淡奶油的食谱

这是大量使用淡奶油的"高脂型"冰激凌液（脂肪含量 15%）食谱。浓厚淡奶油带来的
丰富口感是其魅力所在。

做法

1 将牛奶、淡奶油、脱脂浓缩奶放入巴氏杀菌机（※设
定40℃低速搅拌模式。无法设定该模式的情况下，
待温度达到40℃之后再加入淡奶油）。

2 待温度达到40℃之后，倒入已经搅拌均匀的细砂糖、
海藻糖、乳化稳定剂，再倒入水饴和解冻好的蛋黄。
最后将香草荚放入滤网中，吊在机器里面煮（※注
意不要让滤网缠住机器叶片。除此之外，使用巴氏杀
菌机制作冰激凌液时，香草的味道很容易就能混入冰
激凌液中，因此放入0.2根香草荚即可（成品1000克
的情况下）。杀菌温度设置为85℃时，最能抑制鸡蛋
的腥臭味）。

食材

牛奶　243克

淡奶油　315克

脱脂浓缩奶　245克

冷冻蛋黄（加自身重量20%的糖）　37克

细砂糖　90克

海藻糖　20克

水饴　40克

乳化稳定剂　10克

香草荚　0.2根

合计　1000克（不含香草荚）

※乳化稳定剂的用量参考第14页的注释

巧克力冰激凌液的食谱

使用可可粉制成的冰激凌液可以用于制作各种巧克力风味的冰激凌。

做法

1 将牛奶、淡奶油放入巴氏杀菌机（※设定40℃低速
搅拌模式。无法设定该模式的情况下，待温度达到
40℃之后再加入淡奶油）。

2 待温度达到40℃之后，倒入已经搅拌均匀的脱脂奶
粉、可可粉、细砂糖、海藻糖、乳化稳定剂，再倒入
水饴即可（※杀菌温度设定为85℃时，最能制作出
可可风味浓厚的冰激凌液）。

食材

牛奶　655克

淡奶油　80克

脱脂奶粉　20克

可可粉　55克

细砂糖　110克

海藻糖　30克

水饴　40克

乳化稳定剂　10克

合计　1000克

※乳化稳定剂用量参考第14页的注释

给饭店、咖啡馆的特别推荐
——"醇厚香草冰激凌液"

"醇厚香草冰激凌液"最大的特点就是使用了大量的蛋黄。蛋黄带来的香醇口感特别适合作为饭店、咖啡馆的甜点，那么接下来将介绍如何用普通的锅制作这款冰激凌液。

做法 ※使用普通锅

1

1 将香草荚纵向剖开，刮出香草籽备用。

2

2 向碗中倒入脱脂奶粉、海藻糖、乳化稳定剂，搅拌均匀。

3

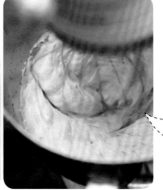

3 用打蛋器将蛋黄和细砂糖搅拌至泛白。

食材

牛奶　634克

淡奶油　70克

蛋黄　100克

脱脂奶粉　30克

细砂糖　120克

海藻糖　40克

乳化稳定剂　6克

香草荚　半根

合计　1000克（不含香草荚）

※乳化稳定剂的用量参考第14页的注释

将蛋黄和蛋清彻底分离

制作的重点在于蛋黄要与蛋清彻底分离开来。食谱中所说的100克蛋黄是指彻底分离出蛋清的蛋黄重量。如果没有彻底分离掉蛋清，在食材的用量环节就会出现误差。

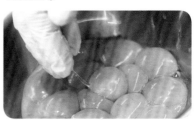

4 向锅中放入牛奶和步骤1的香草荚，加热至40℃。

5 捞出香草荚，将牛奶和步骤2的食材一起倒入搅拌机中，混合均匀。

6 将搅拌好的步骤5的食材倒回锅中，加热至80℃之后过滤。

7 混合步骤3和步骤6的食材。一边搅拌步骤3的蛋黄，一边慢慢添加步骤6的香草牛奶。

8 在步骤7的食材中加入淡奶油，开小火加热至80℃。关火，等待冷却即可。

用醇厚香草冰激凌液制作的冰激凌

用"醇厚香草冰激凌液"制作出的冰激凌不仅口感层次度高，并且别有一番风味。虽然看起来平平无奇，但品尝过后的食客都会赞不绝口。可以添加水果、巧克力酱作为点缀，一定会成为一道魅力十足的甜品。

水分与固形物的比例

冰激凌（用冰激凌液制成）基本上都要遵循的比例

水分　**固形物**

基本上均为右图所示数值。下表中标记了冰激凌中最主要的固形物种类以及所占比重。

58%~68%　32%~42%

冰激凌（用冰激凌液制成）中的固形物种类			
固形物种类	名称	建议含量	
		最少	最多
糖	细砂糖、葡萄糖、海藻糖、水饴	16%	22%
脂肪固形物	牛奶、淡奶油中的脂肪固形物；蛋黄中的脂肪固形物；黄油	6%	12%
无脂肪固形物	脱脂奶粉；脱脂浓缩奶；牛奶、淡奶油、炼乳中不含脂肪固形物	8%	12%
其他固形物	食品中的固形物、乳化剂、稳定剂	0%	5%

雪酪基本上都要遵循的比例

水分　**固形物**

用水、糖、水果制成的雪酪所含的主要固形物为糖，一般会遵循右侧比例。

66%~74%　26%~34%

糖的比例

糖的比例很大程度上影响冰激凌中冰结晶的大小

糖分占比	少	多
甜度/风味	减弱	增强
冰点	升高	降低
冰结晶	变大	变小
光泽感	不易出现	易出现

糖分占比不仅左右冰激凌的甜度，还会对冰点的高低以及冰结晶的大小产生影响。因此，制作意式冰激凌时，糖的使用是重中之重。

接下来，就冰激凌制作中非常重要的"水分与固形物的比例"以及"糖的比例"进行如下讲解。

正如第10~11页提到的那样，为了制作出美味的意式冰激凌，必须牢牢把握"材料的品质"，但如果口感不好的话，即便冰激凌的口味再好，也不能称之为美味的意式冰激凌。因此，掌握好"水分与固形物的比例"是非常重要的。除此之外，关于"糖的比例"的知识也不可忽视。

首先，制作意式冰激凌时，基本上水分要控制在58%~68%，固形物含量要控制在32%~42%。如果水分含量超过68%，冰激凌中的冰结晶就会过大，影响口感。

相反，如果水分含量低于58%，冰激凌会变得黏黏糊糊，口感就不够轻盈了。为了避免出现这些情况，我们归纳总结出了第22页中的糖、脂肪固形物、无脂肪固形物等固形物的标准含量数据（在第24~25页会介绍具体的计算实例）。

另一方面，雪酪"水分与固形物的比例"则为：水分66%~74%、固形物26%~34%。和冰激凌液制成的冰激凌中包含脂肪固形物和无脂肪固形物不同，用水、糖、水果制成的雪酪中的固形物基本上都是糖，因此水分与固形物的比例也大不相同。

意式冰激凌食材中的固形物会对成品产生很大影响的就是"糖"了。糖在食材中所占比重的不同不仅能左右冰激凌的甜度，还会影响到冰点的高低以及冰结晶的大小。因此为了制作出口感好的冰激凌，必须要掌握好糖的用量。关于"糖的比例"，第27页的"糖类使用的相关知识"和第30页的"水果用法（雪酪）的相关知识"中有具体的讲解。

除了糖以外，其他固形物也发挥着各自的作用。首先，"脂肪固形物"可以提升风味、增加冰激凌的层次感，还能降低冷感。"无脂肪固形物"是指牛奶中去除脂肪和水分之后的固形物（脱脂奶粉），能够增强冰激凌的乳香味。

"其他固形物"指食品中所含的矿物质、维生素、膳食纤维，以及食品添加剂（乳化剂、稳定剂）等。关于"乳化剂""稳定剂"的基础知识，在第33页有详细的解说。

冰激凌液中固形物含量的计算实例

接下来，以第15页中介绍的白冰激凌液为例，我们来计算固形物的含量。虽然数字看起来比较麻烦，但每一种食材分开计算的话，也能够得出固形物的合计量。关于糖类中的海藻糖，根据第27页"糖类使用的相关知识"中的介绍，由于海藻糖中含有10%的水分，所以计算固形物含量的时候需要乘90%。如果是脱脂奶粉，按照脂肪固形物占比1%、无脂肪固形物占比95%来计算。除此之外，为了便于计算，本书中使用的乳化稳定剂中均已含糖，因此计算固形物含量的时候还要考虑到添加剂中的含糖量。用这种冰激凌液和各种食材混合在一起制作出来的冰激凌，大多数脂肪含量都在5%~6%。

例：制作第15页的白冰激凌液时使用的食材

※括号中表示各成分占比

牛奶（脂肪固形物3.5%、无脂肪固形物8.3%）680克
淡奶油（脂肪固形物45%、无脂肪固形物5%）120克
脱脂奶粉（脂肪固形物1%、无脂肪固形物95%）30克
细砂糖（糖100%）115克
海藻糖（水10%、糖90%）45克
乳化稳定剂（糖50%、其他固形物50%）10克
合计 1000克

（1）计算糖分含量

细砂糖（100%） 115克×含糖量100%÷合计1000克×百分比100%=11.50%

海藻糖（90%） 45克×含糖量90%÷合计1000克×百分比100%=4.05%

乳化稳定剂（50%） 10克×含糖量50%÷合计1000克×百分比100%=0.50%

合计16.05%

（2）计算脂肪固形物含量

牛奶（3.5%） 680克×脂肪固形物含量3.5%÷合计1000克×百分比100%=2.38%

淡奶油（45%） 120克×脂肪固形物含量45%÷合计1000克×百分比100%=5.40%

脱脂奶粉（1%） 30克×脂肪固形物含量1%÷合计1000克×百分比100%=0.03%

合计7.81%

（3）计算无脂肪固形物含量

牛奶（8.3%） 680克×无脂肪固形物含量8.3%÷合计1000克×百分比100%≈5.64%

淡奶油（5%） 120克×无脂肪固形物含量5%÷合计1000克×百分比100%=0.60%

脱脂奶粉（95%） 30克×无脂肪固形物含量95%÷合计1000克×百分比100%=2.85%

合计9.09%

（4）计算其他固形物含量

乳化稳定剂（50%）

10克×其他固形物含量50%÷合计1000克×百分比100%=0.5%

合计0.5%

（5）固形物含量合计（1）+（2）+（3）+（4）

糖分含量	16.05%
脂肪固形物含量	7.81%
无脂肪固形物含量	9.09%
其他固形物含量	0.5%

合计33.45%

（6）水分含量100%-（5）

100%-固形物含量合计（33.45%）=66.55%

合计66.55%

使用计算机Excel计算的实例

通过灵活使用计算机的Excel表格进行计算，可以省去人工计算的麻烦。能够熟练使用Excel就可以无须花费大量时间在计算上，也能得出准确的固形物含量计算结果。

食材	重量	水分含量	含糖量	乳类脂肪固形物含量	其他脂肪固形物含量	无脂肪固形物含量	其他固形物含量	固形物含量合计
牛奶	680.0	599.8	0.0	23.8	0.0	56.4	0.0	80.2
淡奶油	120.0	60.0	0.0	54.0	0.0	6.0	0.0	60.0
脱脂奶粉	30.0	1.2	0.0	0.3	0.0	28.5	0.0	28.8
细砂糖	115.0	0.0	115.0	0.0	0.0	0.0	0.0	115.0
海藻糖	45.0	4.5	40.5	0.0	0.0	0.0	0.0	40.5
乳化稳定剂	10.0	0.0	5.0	0.0	0.0	0.0	5.0	10.0
合计	1000.0	665.5	160.5	78.1	0.0	90.9	5.0	334.5
100.00%	100.00%	66.55%	16.05%	7.81%	0.00%	9.09%	0.50%	33.45%

※对表格中百分数以外的计算数据进行了四舍五入处理，只保留一位小数。

"Overrun"指冰激凌膨胀率。如下图所示，冰激凌膨胀率可以根据食材重量进行计算。比如，如果食材总重量为1000克，同等体积下的容器中只能放入730克制作完成的冰激凌，1000−770=230。230÷770≈0.299，那么这个冰激凌的膨胀率大约为30%。膨胀率数值越高，冰激凌的口感就会越轻盈。

举一个容易理解的例子——软冰激凌。由于软冰激凌的膨胀率为40%~60%，所以口感柔润松软。而意式冰激凌的膨胀率则在30%左右，这个数值在冰激凌类里面也是较低的。但正因为较低的膨胀率，给意式冰激凌带来了绵密顺滑的口感。

那么，冰激凌膨胀率的数值受到哪些因素的影响呢？冰激凌膨胀率最主要会受到"食材"和"成品温度"的影响。首先，在固形物和水分融合的过程中，固形物能够将空气搅拌进来，但根据食材的不同，有些能帮助我们混入气泡，但有些食材就不那么容易混入气泡了。比如，有利于混入气泡的食材有脱脂奶粉和蛋黄等；不利于混入气泡的则为含油量或含糖量高的食材。但即便是有利于混入气泡的脱脂奶粉，在过量使用的情况下也是不利于冰激凌吸入空气的。因此需要注意的是，不管是哪种食材，一定要遵循正确的用量，在脑中也要对不利于混入气泡和利于混入气泡的食材正确地进行分类。

另一方面，关于成品的温度，我们制成了如下图表。虽然只是众多冰激凌中的一例，但是我们可以看到，当混合物处于较柔软的状态时，空气的吸入率会提高，而当混合物处于较坚硬的状态时，冰激凌里的空气就会被压缩出来，因此根据成品温度的不同，冰激凌的膨胀率也会产生变化。

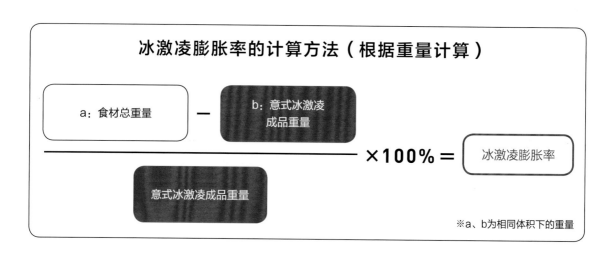

冰激凌膨胀率的计算方法（根据重量计算）

$$\frac{a: 食材总重量 - b: 意式冰激凌成品重量}{意式冰激凌成品重量} \times 100\% = 冰激凌膨胀率$$

※a、b为相同体积下的重量

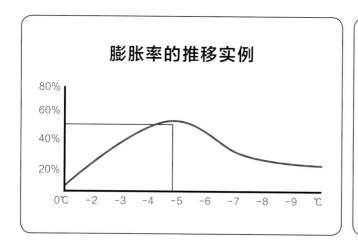

膨胀率的推移实例

能帮助提高膨胀率的食材
蛋黄
稳定剂
脱脂奶粉
……

不能帮助提高膨胀率的食材
含油量高的食材（坚果糊、巧克力糊等）
含糖量高的食材
……

说到糖，人们往往认为糖只能起到增加甜度的作用，但其实糖的作用并不只有这一种。首先我们来认识一下糖的作用。

1 增加甜度： 由于冰激凌和雪酪在品尝的时候温度较低，甜味并不会非常明显，我们可以在糖的使用上下功夫，让冰激凌变得更加美味。

2 降低冰点： 就像第23页提到的那样，在冰激凌中加入糖能够降低冰点。水在0℃的环境下会结冰，而糖水结冰的温度要低于0℃。

3 缩小冰结晶： 水冰冻后，水分子凝结会变成大块的冰结晶，而糖水冰冻后，糖水会包围住冰结晶，从而形成细小的结晶。糖水中的含糖量越高，得到的冰结晶就越小，整体的稳定性越高，最后的成品口感也越顺滑。反之，如果含糖量过少，最后的成品就没有顺滑的口感。

4 增强风味： 糖还能起到增强水果风味的作用。举个例子，果汁含量100%的橙汁，用等量的水稀释过后再喝的话，会觉得橙子的香味大打折扣，但如果在稀释过后的橙汁中加入糖，即便浓度不比从前，也会感觉橙子的香味增强了。

像这样，糖在冰激凌的制作中起到了重要的作用。只不过，如果糖的用量过多，最后的成品会过于甜腻。因此，可以将其中一部分细砂糖换成其他糖类，这是一条重要的技巧。虽说要降低甜度，但如果只是一味减少细砂糖的使用量，导致冰激凌含糖量不够的话，最后成品的口感也达不到顺滑的标准。不过如果能够灵活使用甜度低的糖，在不降低冰激凌含糖量的基础上降低甜度，这个问题就迎刃而解了。

下图为细砂糖和其他糖类的甜度对比图。第28~29页中也介绍了以雪酪食谱为基础，如何在不降低含糖量的情况下通过使用海藻糖来降低甜度的计算实例。应该如何选择除了细砂糖以外的糖类、用量又是多少，这些根据个人追求口味的不同也会发生变化，因此糖类的使用可以作为进一步的知识去探究。

糖类的甜度

种类	水分	含糖量	甜度	将含糖量设置为100%时与其相对应的甜度（甜度÷含糖量）
细砂糖	0%	100%	100	100÷100%=100
海藻糖	10%	90%	38	38÷90%≈42
水饴	28%	72%	27	27÷72%≈38
葡萄糖	9%	91%	61	61÷91%≈67

除了细砂糖以外，本书中还会使用到海藻糖和水饴。如果将细砂糖的甜度设定为100，那么同等重量下的海藻糖甜度则为38，水饴的甜度低至27，用它们来替代一部分细砂糖的话，就可以在不降低用糖量的情况下起到抑制甜度的作用。另外，海藻糖中含有约10%的水分，水饴则含有约28%的水分，将含糖量设定为100%的情况下，与之相应海藻糖的甜度为42，水饴的甜度为38（甜度÷含糖量）。那么，在糖的使用上，我们一般遵循着70%使用"甜味纯净、不甜腻"的细砂糖，剩下的30%则用其他糖类替代的原则。因此，我们经常会使用甜度低、不甜腻的海藻糖。海藻糖除了保持水分能力强之外，还具备其他优秀的特质。水饴具有甜度极低、比一般的麦芽糖更清爽、能够抑制海藻糖结晶、黏度适中的特点，因此也经常用于冰激凌的制作。

在不改变含糖量的情况下降低甜度

例：使用海藻糖将甜度降至85%以下

使用前

以雪酪为例（总量1000克对应糖270克、甜度270）

食材	用量	含糖量
苹果	400克	56克（甜度56） 苹果的含糖量为14%
柠檬	10克	1克（甜度1） 柠檬的含糖量为7.6%
稳定剂	10克	5克（甜度5） 糖分混合量50%
细砂糖	208克	208克（甜度208） 细砂糖含糖量100%
水	372克	0克 0%
总量	1000克	270克（甜度合计270）

使用后

以雪酪食谱为例（总量1000克对应糖270克、甜度230）

食材	用量	含糖量
苹果	400克	56克（甜度56） 苹果的含糖量为14%
柠檬	10克	1克（甜度1） 柠檬的含糖量为7.6%
稳定剂	10克	5克（甜度5） 糖分混合量50%
细砂糖	138克	138克（甜度138） 细砂糖含糖量100%
海藻糖	78克	70克（甜度30） 海藻糖含糖量90%
水	364克	0克 0%
总量	1000克	270克（甜度合计230）

※对表格中百分数以外的计算数据进行了四舍五入处理，只保留整数。

　　如食谱所示，通过把一部分细砂糖换成海藻糖，可以在不改变糖类总重量的情况下将甜度从270降至230。下面介绍如何计算出成品能达到甜度期望值的细砂糖以及替代的糖类重量。除此之外，由于海藻糖中含有水分，使用海藻糖的食谱中水的用量则要相应减少（即由372克减至364克）。

	水分	含糖量	甜度	含糖量设置为100%时与其相对应的甜度
细砂糖	0%	100%	100	100
海藻糖	10%	90%	38	42

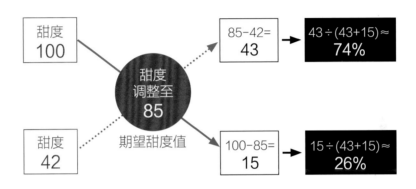

	原本的含糖量及使用比例		与使用比例相应的含糖量		调整后的用量及甜度	
	糖的重量	使用比例	糖的重量（糖的总重量×使用比例）	水分含量	使用量	甜度
细砂糖	208克	74%	270×74%≈200克	0%	200克-62克=138克（糖的重量-水果和稳定剂中糖的重量）	138
海藻糖	0克	26%	270×26%≈70克	10%	70克÷（100%-10%）≈78克（不要忘记减去水分含量）	30（78×0.38）
水果和稳定剂中的糖	62克					62
合计	270克					230

水果用法（雪酪）的相关知识

制作意式冰激凌时会使用到各种各样的水果，特别是制作雪酪的时候，基本上都会使用到水果。正因如此，掌握水果用法的相关知识也是非常重要的。在这里，以制作雪酪时会使用到的水果为中心进行相关知识的介绍。

首先，最基本的一点就是，制作雪酪的水果用量，要根据水果自身的风味以及香味来决定。

比如，即便是少量的柠檬也会释放出大量的酸味。由于酸味过强，就要相应地减少用量。"柠檬雪酪"中使用的果汁含量在15%~20%，也就是说，制作1000克的柠檬雪酪所使用的柠檬汁为150~200克。

与此同时，草莓、哈密瓜这些与柠檬比起来风味（特别是酸味）并不是很明显的水果，就要相应地增加用量，使用比例大概在30%~40%。也就是说，成品重量为1000克的情况下，水果的使用量在300~400克。只要用量达到要求，就能制作出草莓、哈密瓜风味浓郁的雪酪了。

根据水果自身风味及香味的不同改变用量

水果	推荐用量及比例
柠檬、百香果	15%~20%（总量1000克的情况下用量为150~200克）
猕猴桃、木瓜、芒果、李子	20%~30%（总量1000克的情况下用量为200~300克）
草莓、橙子、菠萝、桃子、洋梨、哈密瓜	30%~40%（总量1000克的情况下用量为300~400克）
西瓜	40%~60%（总量1000克的情况下用量为400~600克）

水果、蔬菜的含糖量（※数值为均值）

番茄…5%~6%
草莓…8%~9%
柠檬…7%~8%
木瓜…9%
西瓜…9%~12%
番薯…8%~12%
桃子…10%
李子…10%
葡萄柚…10%~11%
瓦伦西亚橙…10%~12%
蓝莓…11%
温州蜜柑…11%~14%

菠萝…11%
日本梨…13%
哈密瓜…13%~15%
猕猴桃…13%~16%
苹果…14%
洋梨…14%~15%
玉米…14%~17%
葡萄…15%~20%
柿子…15%~17%
芒果…17%
南瓜…19%~20%
香蕉…22%

第30页的图表上记载了各种水果的推荐用量以及比例。当然，这只是建议用量，实际情况可以根据个人的目标味道进行水果用量的调整，我们需要了解的是制作雪酪时要像这样根据水果自身风味和香味的强弱把握一个恰到好处的用量。

制作冰激凌和雪酪的时候还有非常重要的一点，那就是"根据水果含糖量改变用糖量"。如第22~23页的说明，雪酪中固形物的含量为26%~34%（基本都为糖），但水果本身的含糖量也不一样。参照第30页下方，有含糖量低于10%的水果，也有含糖量高于20%的水果。因此，根据雪酪中使用水果含糖量的不同，加糖的时候如果不进行调整，就会出现过甜或者不够甜的问题。

因此，加糖的基本原则就是，含糖量高的水果少加糖，而含糖量低的水果要多加糖。

综上所述，制作雪酪时最重要的两个知识点就是"根据水果自身的风味和香味改变用量"以及"根据水果含糖量改变用糖量"。制作冰激凌的时候，也需要考虑到这些，尤其是制作冰激凌液的时候，要考虑到各种食材是否能够和水果很好地融合在一起，以此来决定水果以及糖的用量。

一般的水果，除去糖的部分，固形物含量在3%左右。比如，草莓中的水分含量约占90%，糖约占7%，剩下的3%就是膳食纤维一类的固形物。虽然占比较少，但脑海中必须要有"水果中的固形物不仅仅只有糖"这一概念。

除此之外，本书中所介绍的雪酪基本上都含有一些柠檬汁。由于雪酪中含有大量水分，为了不让雪酪的口感显得过于单薄，可以使用柠檬汁补充酸味、丰富口感。

根据水果含糖量的不同，改变添加的糖量

水果含糖量高 ▶ 少加糖
水果含糖量低 ▶ 多加糖

雪酪的糖分调整实例

哈密瓜雪酪

食材

哈密瓜果肉	400克
柠檬汁	10克
细砂糖	134克
海藻糖	22克
水饴	38克
稳定剂	20克
水	176克
牛奶	200克
合计	1000克

推荐的哈密瓜用量为30%~40%，因此该食谱使用哈密瓜果肉400克。根据哈密瓜13%~15%的含糖量，细砂糖、海藻糖和水饴的使用量共计194克。

草莓雪酪

食材

草莓	400克
柠檬汁	20克
细砂糖	165克
海藻糖	27克
水饴	48克
稳定剂	20克
水	320克
合计	1000克

推荐的草莓用量为30%~40%，因此该食谱使用草莓果肉400克。根据草莓8%~9%的含糖量，细砂糖、海藻糖和水饴的使用量共计240克。

食材、机器以及其他重要的知识

在基本知识章节的最后，我们再来介绍需要引起重视的关于制作意式冰激凌时要使用到的食材和机器相关的重要知识。

深入了解冰激凌的主要原料"牛奶"的相关知识

首先，冰激凌的主要原料是牛奶。想要制作出好吃的意式冰激凌，应该熟练掌握牛奶的相关知识。

虽然都叫牛奶，但实际上如同下方表格归纳所示，牛奶也有许多种类。

除此之外，根据"灭菌"方法的不同，牛奶的味道也大不相同。关于灭菌，主要有以下方法。

第一种是将生牛乳中的细菌完全消灭，使牛奶达到无菌标准的超高温灭菌法。除此之外，还有用最低限度的加热使细菌数下降到标准数值以下的巴氏灭菌法。可以通过分别品尝这两种奶，了解它们味道上的不同，这样在选择牛奶的时候就可以进行参考。

牛奶分类

生牛乳	刚挤出还未灭菌的奶
灭菌奶	通过加热灭菌处理后的奶（脂肪固形物含量在3%、无脂肪固形物含量在8%以上）
成分调整奶	去除一部分乳脂肪的奶，或者去除一部分水分而变浓厚的奶
低脂奶	脂肪固形物含量高于0.5%低于1.5%的奶
脱脂奶	脂肪固形物含量低于0.5%的奶
加工奶	以乳制品为原料添加了其他成分的奶
含乳饮料	以乳制品为主要原料并添加其他配料的奶

水果的成熟度以及关于新鲜/冷冻水果和果泥的知识

第11页中提到过，想要制作出美味的意式冰激凌，水果的使用时机是很重要的。在这里还想多提几句，不仅如此，制作冰激凌时不只使用新鲜水果，还会使用到冷冻水果、果泥，关于这一点也要再进一步说明。

首先是水果的使用时机，举一个容易理解的例子，参照下图，香蕉的味道会因为成熟程度的不同而产生巨大的变化。成熟度恰到好处的香蕉用来做冰激凌原料味道刚刚好，反之，未成熟或者熟过头的香蕉会让冰激凌的味道大打折扣。意式冰激凌的口味会因为水果自身的成熟度而受到影响。因此，使用水果制作冰激凌的时候，必须要考虑到的一点就是水果的成熟度会影响冰激凌的味道。

"香蕉"不同的成熟程度对应的味道

未成熟的香蕉	成熟度恰到好处的香蕉	熟过头的香蕉

还未成熟的香蕉在甜度和香味上都有欠缺并且口感发涩。吃的时候很难感觉出香蕉的美味。

刚好成熟的香蕉在甜度、柔软度、香味上都很出色。并且，香蕉成熟之后的酸味会减轻。

熟过头的香蕉虽然很甜但会有发酵的臭味，余味也不好。从硬度上来说过于柔软。

另一方面，关于新鲜水果、冷冻水果以及果泥各自的特点，请参考下图。考虑到方便操作、易于保存，冷冻水果以及果泥都是非常优秀的，但是说到冷冻水果，不得不提的是容易长霜以及容易干燥的问题，而果泥则需要考虑到其自身已经包含的糖分，再去调整冰激凌整体的甜度，所以要掌握好每种食材的特性之后再使用。

水果主要的种类

新鲜水果

新鲜水果的味道是其一大魅力。但是新鲜水果容易磕碰变质，因此要注意调整进货的量。

冷冻水果

由于是冷冻水果，不容易出现损耗情况。冷冻保存的水果需要注意容易长霜以及干燥的问题。冷冻水果分为整块以及切块两类。

果泥

果泥分为冷冻果泥和常温果泥。经过高温杀菌后的常温果泥，其味道和果酱相似。使用时必须考虑到果泥已经过糖量调整和加糖处理。

意式冰激凌中"乳化剂"和"稳定剂"的作用

在这里对制作意式冰激凌时不可缺少的"乳化剂"和"稳定剂"做一个知识补充说明。

首先是乳化剂，乳化剂能够将冰激凌中的脂肪细化分解，使其性质变得均一稳定，起到使水和油脂更容易混合的作用。冰激凌中经常使用到的乳化剂一般为从动物脂肪中获取的三聚甘油脂肪酸酯和从蛋黄或者大豆中提取出的卵磷脂。

其次是稳定剂，稳定剂起到增加黏度、结合食材、防止分离、提高口感顺滑度的作用。冰激凌和雪酪中最常用的稳定剂有从种子中提取的瓜尔豆胶、寒天以及明胶等。

有些乳化剂和稳定剂本身会含有葡萄糖。原因在于假设只使用乳化剂或者稳定剂，由于使用量只占总重量的0.2%~0.5%，使用量过少容易造成计算称量的失误。加入葡萄糖使其达到一个定量就不容易出现上述错误了。

急速冷冻机

急速冷冻机在意式冰激凌的品质稳定和长期保存上发挥着重要的作用。

急速冷冻 （ST）	可以将做好的意式冰激凌在5~10分钟进行急速冷冻。做好的冰激凌从容器中拿出来之后表面会开始融化，但在急速冷冻模式下，冰激凌变软的表面会瞬间冻结，其内部的冰结晶会稳定下来，能够防止因为空气的排出造成冰激凌体积变小的问题。
标准冷冻 （MT）	可以将做好的意式冰激凌在10~20分钟进行标准冷冻。在标准冷冻模式下，能够使表层2厘米左右的冰激凌保持冻结的状态保存在冷冻库里。硬化之后的意式冰激凌能够慢慢变回刚制作好的状态，易于进行长时间高品质的保存。
稳定冷冻 （LT）	可以将做好的意式冰激凌中心温度快速降至-18℃（约1小时）。由于冰激凌中心已经硬化，冰结晶会变得更加稳定，用-20℃的温度保存在冷冻库里，能够做到长时间高品质的保存。销售的时候，要提前一晚把冰激凌放在-10℃的冷冻库里慢慢解冻之后再放入橱窗冰柜里。

提高品质和生产效率的急速冷冻机

意式冰激凌的制作需要巴氏杀菌机以及冰激凌冷冻机，除此之外还有一个重要的机器，那就是急速冷冻机。急速冷冻机的短时间冷冻功能在保证刚做好的意式冰激凌的品质稳定和长期保存上起到了不可小觑的作用。

关于使用方法，急速冷冻机主要分为三个模式。即上方表中所介绍的"急速冷冻（ST）"、"标准冷冻（MT）"以及"稳定冷冻（LT）"。

ST模式可以将做好的意式冰激凌在5~10分钟内进行急速冷冻。做好的冰激凌从容器中拿出来之后表面会开始融化，但在急速冷冻模式下，冰激凌变软的表面会瞬间冻结，其内部的冰结晶会稳定下来，能够防止因为空气的排出造成冰激凌体积变小的问题。特别是刚做好的坚果类、巧克力类的冰激凌更容易化开，但使用急速冷冻机的ST模式进行瞬间冷冻的话就可以防止这些冰激凌出现品质下降的问题。

MT模式可以将做好的意式冰激凌在10~20分钟内进行标准冷冻。在标准冷冻模式下，能够使表层2厘米左右的冰激凌保持冻结的状态保存在冷冻库里。硬化之后的意式冰激凌能够慢慢变回刚制作好的样子，易于进行长时间高品质的保存。

比如，制作同一种冰激凌的时候，如果上午和下午分开进行多次制作，生产效率就会下降。因此，如果将冷冻机调整为MT模式，就能做到保存时间长，且一次性做出足量的冰激凌，从而提高生产效率。

LT模式可以将做好的意式冰激凌中心温度快速降至-18℃（约1小时）。由于冰激凌中心已经硬化，冰结晶会变得更加稳定，用-20℃的温度保存在冷冻库里，能够做到长时间、高品质的保存。销售时，要提前一晚把冰激凌放在-10℃的冷冻库里慢慢解冻之后再放入橱窗冰柜里。

综上所述，根据设定模式的不同，急速冷冻机可以适应多种使用需求，请大家按需使用。

使用"刮刀"调整意式冰激凌的摆盘

在意式冰激凌专营店会使用冰激凌刮刀将制作好的冰激凌的摆盘调整成卖相更好、让人更有食欲的样子。冰激凌刮刀对专营店来说是不可或缺的重要工具之一。

如下图中所示，在冰柜里陈列着的意式冰激凌能够塑造成多种不同的表面花纹。使用刮刀就能够做到调整花纹。如第36~37页介绍的装杯实例所示，下功夫将冰激凌的形状打造成让顾客更加满意开心、更有食欲的样子是非常重要的。

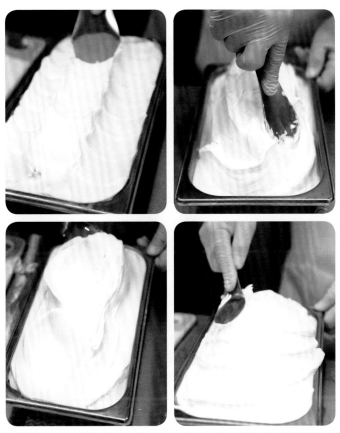

在橱柜里展示出售的意式冰激凌，可以使用冰激凌刮刀将其表面调整成看起来更精致、让人更有食欲的样子。通过使用冰激凌刮刀，在卖相的调整上就可以大展身手了。

在做好卫生管理的前提下制作意式冰激凌

讲解完食材、机器、工具相关的知识之后，这里想要提醒大家的是，除了这些以外，制作意式冰激凌时最重要的还是"卫生管理"。

除了不能小看最基本的正确洗手程序之外，还必须对以冰柜为首的一系列机器细致地进行消毒。请在做好卫生管理的基础上再去研究如何制作意式冰激凌。

意式冰激凌装杯实例

通过不同的造型打造多彩的冰激凌"表情"

如下图所示，关于冰激凌的装杯有多种造型方法。

根据造型的不同，可以感受到冰激凌传递出的不同情绪，让人乐在其中。

意式冰激凌装筒实例

传递美感与趣味

使用蛋筒能更衬托出意式冰激凌的色彩。

这是只有使用蛋筒才能做出的美丽造型，享受这种造型也是甜筒冰激凌的一大魅力。

备受瞩目的半成品冰激凌液

在基础知识章节的最后，再来介绍一下半成品冰激凌液的相关知识。

关于冰激凌液，可以参考本书中介绍的食谱，再根据自己的需求对黄冰激凌液或白冰激凌液进行口味上的调整，但也许有些朋友会觉得从冰激凌液开始制作冰激凌太困难了。

特别是饭店、咖啡馆，为了其他的菜品已经忙得焦头烂额，因此也会萌生出"要是步骤能简化一点就好了"的想法。

为了这些店的需求而创造出来的商品就是半成品冰激凌液。使用半成品冰激凌液就可以省去计算食材重量以及加热灭菌的环节。只需要把半成品的冰激凌液和水果等各种添加风味的食材投入冰激凌冷冻机里即可。

实际操作的时候可以多试几种口味，确认好品质和制作流程之后，选出适合自己店铺使用的冰激凌液。由于半成品冰激凌液很受欢迎，市面上有众多品牌可供挑选，首先要做的就是收集各个品牌冰激凌液的信息。

轻松上手、品质有保障的人气产品

日仏商事株式会社销售的"手工三色冰激凌液"（下文简称三色冰激凌液），是一款不仅方便操作、容易上手，在品质方面也有保证的半成品冰激凌液。在法语里，冰激凌类统称为"Glace"，这款冰激凌液能够帮助我们轻松制作出地道的冰激凌。

之前有幸尝过获得法国最佳手工业者奖头衔的冰激凌专家制作的冰激凌液，首先感受到的就是甜味非常高级。和印象中甜腻的法式料理不同，冰激凌液的甜味清爽。

冰激凌液分含蛋黄和不含蛋黄两种，如何将冰激凌液与其他食材结合在一起创造出新口味，是值得研究的课题。这个公司还销售饭店经常会使用到的制作香草冰激凌和雪酪的半成品原料，品质也比较好，受到想要提供地道口味的店铺的喜爱。

1 用"香草冰激凌液（GLACE VANILLE）"制成的香草冰激凌

2 不含鸡蛋的冰激凌液"原味营养冰激凌液（BASE NUTRI GLACE BUREAU）"加上草莓制成的水果奶油冰激凌

3 含蛋黄的冰激凌液"营养冰激凌液（BASE NUTRI GLACE）"加上巧克力制成的口感浓厚的冰激凌

4 "营养雪酪液（BASE NUTRI SORBET）"加上血橙制成的雪酪

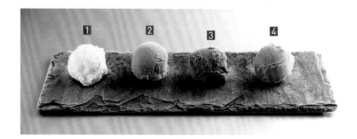

试吃用日仏商事株式会社销售的三色冰激凌液制成的冰激凌和雪酪。用香草冰激凌液制成的香草冰激凌，香草风味十足，这款冰激凌液能够衬托出水果以及巧克力的风味，并且兼有甜味高级、奶香浓郁的特点。雪酪液甜度适中，在突出水果风味上也非常优秀。除此之外，该公司还销售约50种冷冻果泥，并且为顾客准备好了制作冰激凌和雪酪时所需要的成分配比表。

■ 关于成本：食谱中标记了成品冰激凌每100克原料的成本价。由于食材的品质和进货方法不同，成本价自然也会发生变化，标记的成本价仅作参考。制作完成之后的意式冰激凌体积会变大（因为吸入了空气），所以100克的冰激凌应该能够填满容量120毫升的容器。

■ 关于水果的清洗和灭菌：水果要经过清洗和灭菌之后再使用。首先将稀释过后的中性洗剂放入盆中，再放入水果，用海绵擦拭洗净，然后在水龙头下冲洗干净。之后再将洗干净的水果放入浓度200mg/L的次氯酸钠溶液（用水将浓度为6%的次氯酸钠溶液稀释300倍）中浸泡5分钟灭菌，泡完之后在水龙头下冲洗干净。根据需要，将水果削皮去核。食谱中的水果重量均为削皮或去核之后的重量。

草莓牛奶
STRAWBERRY MILK

（白冰激凌液）　（成本 每100克80日元※）

　　草莓牛奶是非常受欢迎的冰激凌口味。很多人喜欢将草莓碾碎，混合着砂糖和牛奶一起吃。根据品种不同，草莓的味道和颜色也不同，因此在食材的选择上需要花费一些心思。

食材

白冰激凌液　490克

草莓（新鲜草莓或冷冻的整颗草莓）　350克

水饴　160克

合计　1000克

做法

1 草莓和水饴放入食物料理机中打碎。

2 将做法1中的食材和白冰激凌液混合在一起，放入冰激凌冷冻机里即可。

※装饰用的草莓不计入食材总量。

由于草莓比较特殊，不能像其他水果一样用海绵擦拭表面，因此，在去除草莓蒂之后用水冲洗干净，再在200mg/L的次氯酸钠溶液中浸泡5分钟灭菌后，清洗干净即可使用。

笔记

有种叫"甘王"的草莓，酸味和甜味都很突出，口感浓厚、香味扑鼻。这种草莓不仅表皮鲜红，果肉的颜色也很深，因此用它做出来的冰激凌颜色会比较鲜艳。

※本书介绍的价格等信息，时间截点为2018年3月。彼时100日元折合约6元人民币。

开头介绍以草莓为首的莓类口味冰激凌。这类冰激凌可以让你同时享受到完美融合在一起的冰激凌奶香味以及莓类的清爽口味。

Strawberry Milk

蓝莓酸奶

BLUEBERRY YOGURT

〔白冰激凌液〕 〔成本 每100克50日元〕

使用与水果很相宜的酸奶制成的冰激凌。蓝莓和酸奶在口感上融合度高，并且对身体也很有益，这些构成了蓝莓酸奶口味冰激凌的魅力。酸奶富含乳酸菌和钙质，而蓝莓则富含能够起到护眼作用的花青素。

"蓝莓酸奶冰激凌"的魅力在于漂亮的紫色。装杯后的外观会给人留下深刻的印象。

食材

白冰激凌液　140克

无糖酸奶　450克

冷冻的整颗蓝莓　200克

柠檬汁　10克

细砂糖　50克

水饴　150克

合计　1000克

做法

1 将冷冻蓝莓、柠檬汁、细砂糖、水饴放在锅中煮。沸腾之后转小火继续煮3分钟左右。

2 将冷却的做法1中食材和白冰激凌液、无糖酸奶一起倒入料理机中打碎，放入冰激凌冷冻机里即可。

※装饰用的蓝莓不计入食材总量。

笔记

蓝莓煮过之后可以达到灭菌的效果，果肉的颜色也会更深。一次性多煮一些，分开真空包装冷冻保存就可以提高制作效率。

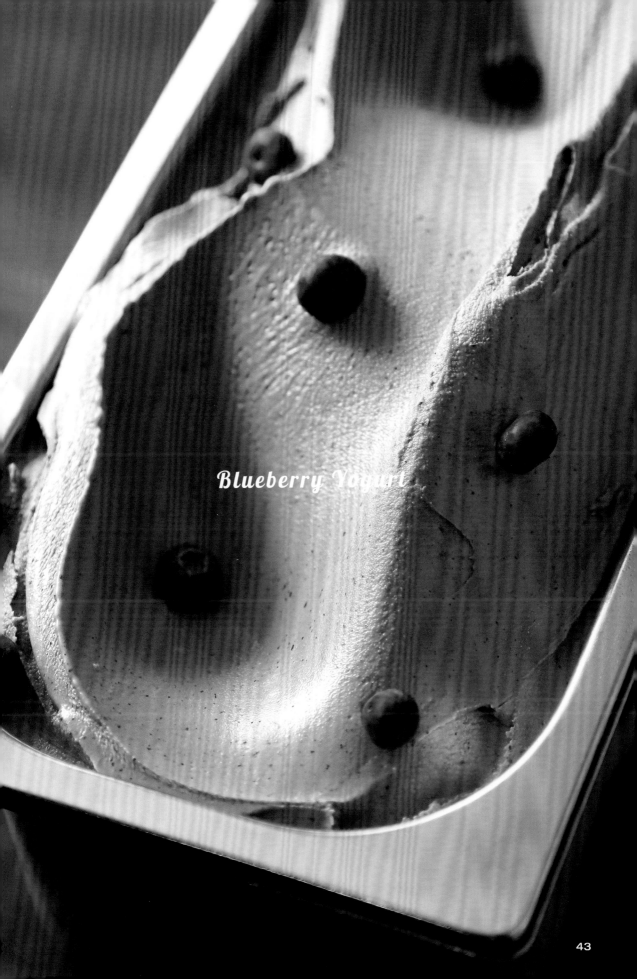

Blueberry Yogurt

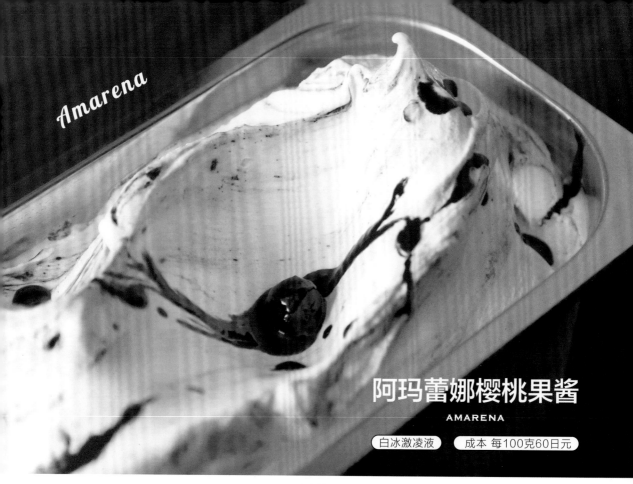

Amarena

阿玛蕾娜樱桃果酱
AMARENA

白冰激凌液　成本 每100克60日元

阿玛蕾娜樱桃果酱是将野生樱桃用糖浆进行腌制而得到的樱桃果酱。阿玛蕾娜樱桃果酱口味的冰激凌在意大利受到各个年龄层客人的喜爱。只需要活用成品阿玛蕾娜樱桃果酱，将它与奶味十足的冰激凌液混合在一起，就能够制成冰激凌了。

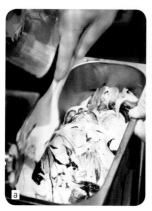

笔记

利用阿玛蕾娜樱桃果酱这一类成品，可以有效地为冰激凌添加风味，也更容易在意式冰激凌的口味上进行创新。

食材

白冰激凌液　940克
阿玛蕾娜樱桃果酱（糖渍野生樱桃）　60克
合计　1000克

做法

1　挑出四五颗樱桃，放在一旁备用。

2　将白冰激凌液倒入冰激凌冷冻机中。

3　取出三分之一凝固好的冰激凌放在容器里，和总量三分之一的樱桃果酱粗略地搅拌在一起。重复这个步骤（见图a、图b），最后将做法1中备用的樱桃粒作为装饰，放在搅拌好的冰激凌上即可。

蓝莓大理石花纹
BLUEBERRY MARBLE

（白冰激凌液）　（成本 每100克60日元）

食材

白冰激凌液　950克
蓝莓果泥　50克
合计　1000克

做法

1　将白冰激凌液倒入冰激凌冷冻机中。
2　将凝固好的冰激凌取出五分之一平铺在容器底部，在上面平铺五分之一的蓝莓果泥。如下图，重复以上步骤即可。

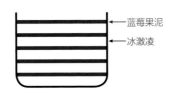

← 蓝莓果泥
← 冰激凌

覆盆子大理石花纹
RASPBERRY MARBLE

（白冰激凌液）　（成本 每100克60日元）

食材

白冰激凌液　950克
覆盆子果泥　50克
合计　1000克

做法

1　将白冰激凌液倒入冰激凌冷冻机中。
2　将凝固好的冰激凌取出五分之一平铺在容器底部，在上面平铺五分之一的覆盆子果泥。重复以上步骤即可（最终效果与上图蓝莓大理石花纹冰激凌相同）。

覆盆子牛奶
RASPBERRY MILK

（白冰激凌液）　（成本 每100克80日元）

食材

白冰激凌液　670克
冷冻覆盆子果泥（加自身重量10%的糖）　250克
水饴　80克
合计　1000克

做法

将所有材料放入料理机中，搅拌均匀之后再放入冰激凌冷冻机里即可。

> **笔记**
> "大理石花纹"类的冰激凌能够通过叠加的手法打造出极佳视觉效果的产品。而覆盆子牛奶冰激凌漂亮的紫红色也让人难以移开视线。

蓝莓牛奶
BLUBERRY MILK

（白冰激凌液） （成本 每100克70日元）

食材

白冰激凌液　740克
冷冻的整颗蓝莓　200克
细砂糖　30克
水饴　30克
合计　1000克

做法

1 将冷冻蓝莓、细砂糖和水饴放入锅中煮好备用。
2 放凉之后用搅拌机打碎，和白冰激凌液一起倒入冰激凌冷冻机中即可。

千层
MILLE FEUILLE

（白冰激凌液） （成本 每100克70日元）

食材

白冰激凌液　890克
草莓果泥　50克
草莓（新鲜）　60克
派（或咸饼干）　适量
合计　1000克（不含派）

做法

1 根据第40页记录的方法对鲜草莓进行清洗、灭菌，将洗干净后的草莓切片，和草莓果泥搅拌均匀。
2 将白冰激凌液放入冰激凌冷冻机中。将凝固好的冰激凌取出五分之一平铺在容器底部，在上面平铺总重五分之一的派和做法1中的果泥。重复以上步骤，即可得到下图所示的千层冰激凌。

笔记

通过使用派，千层冰激凌的口感会变得更加丰富。如果按照一般冰激凌专营店的容器尺寸，制作5层千层冰激凌的话，相应的食谱中食材用量应该是原来的3倍。

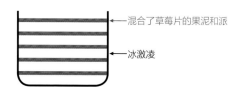

混合了草莓片的果泥和派

冰激凌

饭店、咖啡馆的装盘实例①

用牛奶冰激凌和莓类水果打造华丽的造型

莓类水果众多。将用冰激凌液制成的牛奶冰激凌和多种莓类精心摆放在一起，
就能够给食客提供一道富有魅力的甜点。

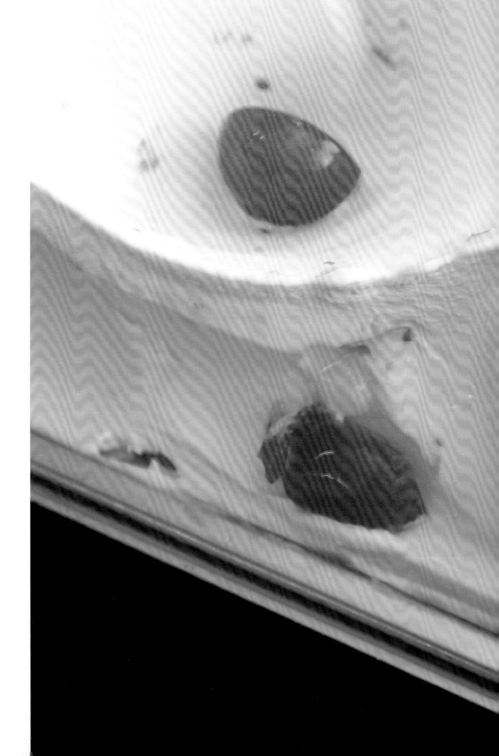

金橘冰

KUMQUAT

白冰激凌液　　成本 每100克40日元

金橘是可以带皮吃的美味柑橘，橘皮中富含有益健康的橙皮苷。与冰激凌细细混合在一起的金橘风味十足。

水果（各种果物）

除了莓类，还有许多使用其他水果的冰激凌。各种水果自身的风味创造出了口味丰富的意式冰激凌。

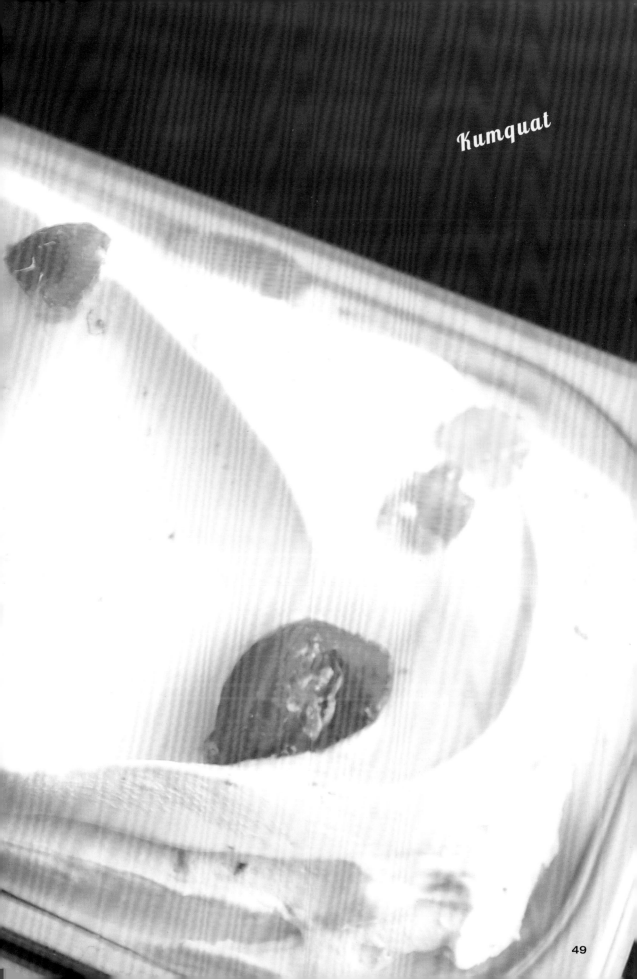

Kumquat

食材

白冰激凌液　400克

金橘酱★　200克

牛奶　400克

合计　1000克

做法

1 先将金橘酱倒入料理机中打碎（图a），再将牛奶倒入料理机中混合搅拌（图b）。

2 将白冰激凌液和做法1中的食材倒入冰激凌冷冻机里即可（图c）。

※装饰用金橘不计入食材总量。

笔记

制作金橘酱时，要先用料理机将金橘皮打成大小均匀的小块再使用，且要小心不要煮焦。

★金橘酱

食材

金橘　500克

水　200克

细砂糖　500克

柠檬汁　100克

合计　1300克（完成后总量约1000克）

做法

1 金橘拦腰切开，去核（图a）。

2 锅中加入水和做法1中的金橘，煮至金橘变软（图b）。煮的时候，要仔细地撇去浮沫。

3 待做法2中食材变软之后加入细砂糖（图c）和柠檬汁，煮至金橘表面出现光泽感（图d），其间要不停地撇去浮沫。煮完之后的金橘酱重量在1000克左右。

芒果牛奶
MANGO MILK

(白冰激凌液)　(成本 每100克70日元)

　　芒果口味的冰激凌深受食客的喜爱。芒果香浓的甜味和清爽的酸味与冰激凌很搭。鲜亮的黄色外观也很好看，因此芒果意式冰激凌在以女性为中心的食客群里受到广泛的欢迎。

食材

白冰激凌液　800克
冷冻芒果泥（加自身重量
10%的糖）　200克
合计　1000克

做法

1 冷冻芒果泥解冻。
2 将做法1中的芒果泥和白冰激凌液倒入冰激凌冷冻机里即可。
※装饰用的芒果（冷冻芒果块）不计入食材总量。

笔记

解冻后的冷冻芒果泥要立刻使用。装饰用的芒果使用冷冻芒果块即可。

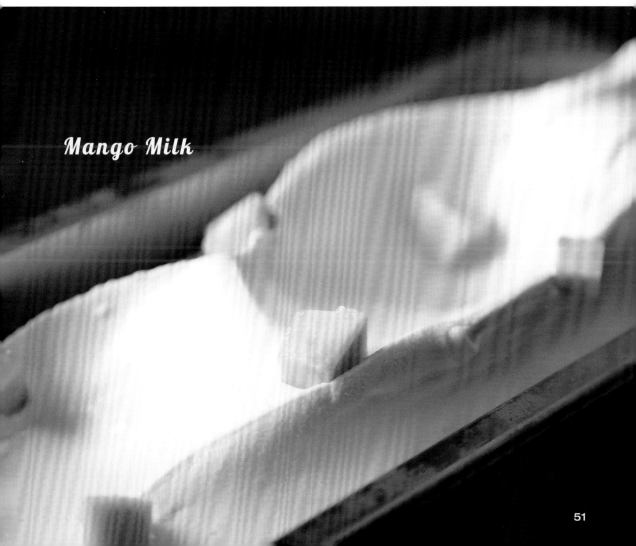

Mango Milk

朗姆葡萄

RUM RAISIN

黄冰激凌液　　　成本 每100克50日元

　　饱满的葡萄干口感与朗姆酒风味完美结合的意式冰激凌，在成年人中深受欢迎。制作朗姆葡萄时，将葡萄干煮软之后再加入朗姆酒，煮至葡萄干颗粒饱满、口感温和即可。

食材

黄冰激凌液　700克

朗姆葡萄★　100克

牛奶　200克

合计　1000克

做法

1 将朗姆葡萄和牛奶混合后过筛。

2 将做法1中过滤出来的牛奶液、二分之一的朗姆葡萄和黄冰激凌液一起倒入冰激凌冷冻机里。

3 将凝固了的冰激凌转移到容器里，将剩下的一半朗姆葡萄放入冰激凌里搅拌均匀（图a），留几颗朗姆葡萄撒在冰激凌表面即可。

★朗姆葡萄

食材

葡萄干　1000克

水　1000克

细砂糖　100克

朗姆酒　350克

合计　2450克（完成后总量约1950克）

做法

1 葡萄干快速清洗之后放入锅中，倒入水煮至葡萄干变软。

2 葡萄干煮软之后加入细砂糖。

3 关火，倒入朗姆酒。

4 冷却之后倒入容器中冷藏保存。放置两三天之后的葡萄干比较入味。

橙皮果酱
ORANGE MARMALADE

（白冰激凌液）　（成本 每100克50日元）

食材

白冰激凌液　550克

橙皮果酱★　150克

牛奶　300克

合计　1000克

做法

1 预留20克左右的橙皮果酱作为装饰用。

2 将橙皮果酱和牛奶倒入料理机，搅拌至个人喜好的大小（保留颗粒状）。

3 将白冰激凌液和做法2中的食材倒入冰激凌冷冻机里。

4 将凝固好的冰激凌转移到容器里，点缀上做法1中预留的橙皮果酱。

★橙皮果酱

食材

橙汁　700克

橙皮　500克

细砂糖　700克

橙子利口酒　200克

合计　2100克（完成后总量约1700克）

做法

1 橙子拦腰切开，挤出果汁。

2 橙皮放在水中煮至变软（水不计入食材总量），沥干。去除膜衣后切片，泡水至苦味消失，过滤。

3 将橙汁、细砂糖和做法2中的橙皮一起倒入锅中煮，煮完之后加入橙子利口酒。放入冰箱中保存。

香蕉牛奶
BANANA MILK

（黄冰激凌液）　（成本 每100克30日元）

食材

黄冰激凌液　750克

香蕉（新鲜）　250克

合计　1000克

做法

1 将黄冰激凌液倒入冰激凌冷冻机中。

2 在冰激凌快要凝固的时候，放入竖着切开的香蕉条。

笔记

香蕉牛奶口味的冰激凌深受男女老少的喜爱，在冰激凌上淋巧克力酱也十分美味。不过需要注意的是，时间长了之后，香蕉会变黑，所以根据当日预测的销量适量制作会比较好。

糖渍栗子
MARRON GRACE

（黄冰激凌液）　（成本 每100克50日元）

食材

黄冰激凌液　760克

糖渍栗子泥　80克

牛奶　160克

合计　1000克

做法

将所有食材混合在一起后倒入冰激凌冷冻机中即可。

卡萨塔

CASSATA

(黄冰激凌液) (成本 每100克50日元)

食材

黄冰激凌液　830克
混合水果　120克
橙子利口酒　10克
牛奶　40克
合计　1000克

做法

1 将混合水果（已经加了糖的葡萄干、糖渍橙皮、樱桃、芒果、杏等）切成边长5~10毫米的小块。
2 将黄冰激凌液、橙子利口酒和牛奶倒入料理机中搅拌均匀，之后倒入冰激凌冷冻机里。
3 取出一半已经凝固好的冰激凌放入容器里，铺上一半混合水果，搅拌均匀。
4 取出剩下的一半冰激凌，和做法3中的冰激凌混合在一起，重复做法3，搅拌均匀即可。

椰奶

COCONUT MILK

(白冰激凌液) (成本 每100克30日元)

食材

白冰激凌液　860克
椰子粉　20克
牛奶　100克
细砂糖　20克
合计　1000克

做法

1 牛奶在锅中加热，依次加入细砂糖和椰子粉，继续煮。
2 将白冰激凌液和冷却的做法1中食材混合之后，放入冰激凌冷冻机里即可。

笔记

大众对于椰奶口味的评价两极分化，不过椰奶在年轻人群体里是比较受欢迎的一种口味。

苹果牛奶

APPLE MILK

(白冰激凌液) (成本 每100克80日元)

食材

白冰激凌液　600克
冷冻苹果泥（加自身重量10%的糖）　300克
苹果酱★　100克
合计　1000克

做法

1 将白冰激凌液和已经解冻好的苹果泥倒入冰激凌冷冻机中。
2 在冰激凌快要凝固的时候倒入苹果酱。倒入苹果酱后，不需要花很长时间，过一会儿就可以把冰激凌转移到其他容器里。

★苹果酱

食材

苹果　750克
细砂糖　150克
柠檬汁　100克
合计　1000克（完成后总量约700克）

做法

1 将苹果分成四等份。去皮去核，将果肉切成宽约1厘米的小条。
2 将做法1中的苹果条和其他材料一起放入锅中煮。注意煮的时候不要改变苹果的形状。完成之后放入冰箱保存。

巧克力
CHOCOLATE

〔黄冰激凌液〕 〔成本 每100克70日元〕

这款冰激凌可以让你直接享受到巧克力带来的可可风味。如果减少巧克力的用量，还可以做出牛奶巧克力风味的冰激凌。是要突出巧克力的苦味还是让巧克力的苦味变得温和一些，根据巧克力用量的不同，冰激凌的口味也会发生变化。

a

食材
黄冰激凌液　640克
巧克力酱★　120克
牛奶　240克
合计　1000克

做法
1 将巧克力酱和牛奶放入料理机里搅拌（图a）。
2 把黄冰激凌液和做法1中的食材倒入冰激凌冷冻机里即可。
※装饰用的巧克力不计入食材总量。

笔记

在巧克力酱的制作上，可以选择使用可可粉或者用水浴法化开的黑巧克力（可可含量55%），再加入等量的牛奶等方法。

巧克力口味是意式冰激凌中非常受欢迎的口味。接下来继续介绍在甜品界也非常有人气的提拉米苏和焦糖布丁口味的意式冰激凌。

巧克力的香甜口味吸引着人们。

★巧克力酱

食材
水　850克
细砂糖　650克
可可粉　500克
合计　2000克（完成后总量约1750克）

做法
1 细砂糖和可可粉搅拌均匀后备用。
2 锅中加水，煮沸之后转小火，一边慢慢分次加入做法1中的食材，一边使用打蛋器搅拌。注意不要烧焦。
3 食材充分融合之后，需要用木铲不断地搅拌防止烧焦，一直煮到巧克力酱表面出现光泽。冷却之后放入冰箱保存。

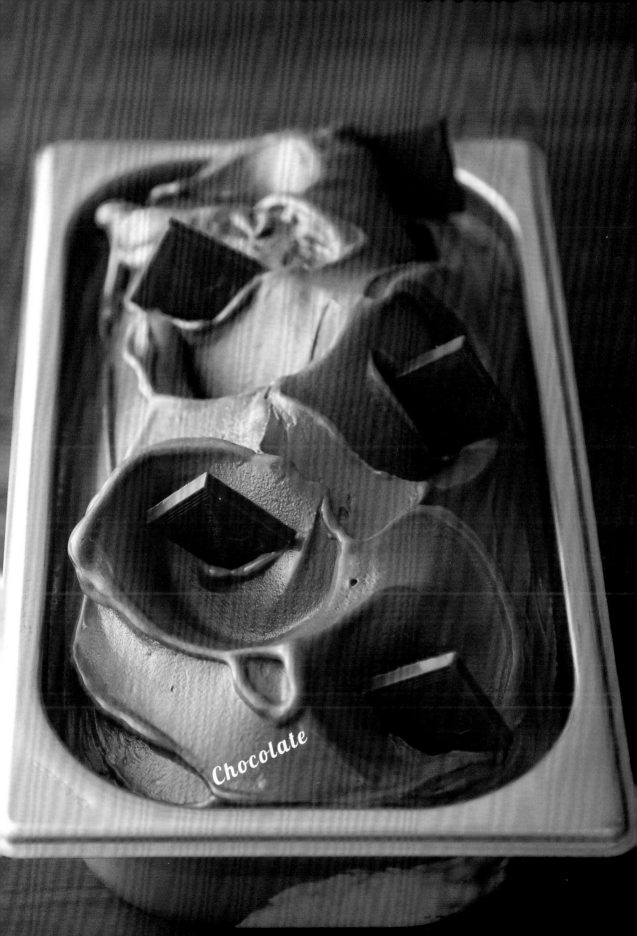

Chocolate

巧克力坚果

KISS

〔黄冰激凌液〕　〔成本 每100克60日元〕

　　这款由巧克力和坚果制成的意式冰激凌有美味到让人想"亲吻"（kiss，意大利语为bacio）的魔力。这次使用的"能多益"，是在意大利倍受欢迎的榛子风味巧克力酱。食材中的巧克力酱是用来制作巧克力脆片的。

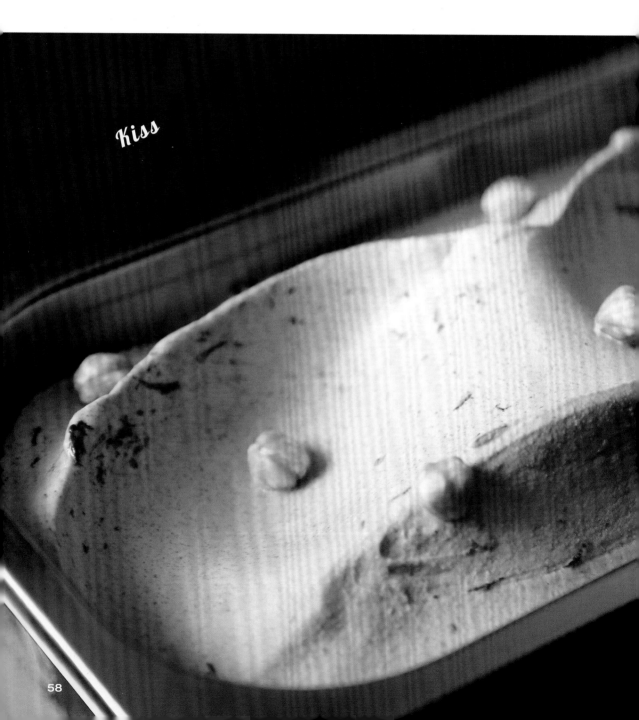

食材

黄冰激凌液　840克
能多益　100克
巧克力酱　40克
榛子（整颗）　20克
合计　1000克

做法

1 拿出200克黄冰激凌液，用水浴法加热，加入能多益搅拌均匀。

2 将冷却之后的做法1中食材和剩下的冰激凌液到入冰激凌冷冻机里。

3 拿出一半已经凝固好的冰激凌转移至容器中。在上面淋一半水浴加热好的巧克力酱，再撒上一半榛子。

4 待巧克力酱凝固之后，将食材与冰激凌搅拌均匀。

5 把冷冻机中剩下的另一半冰激凌也转移到容器里，重复上述步骤即可。

※装饰用的榛子不计入食材总量。

笔记

将能多益倒入冰激凌冷冻机之前，要事先用水浴法加热，使其与黄冰激凌液混合，这样一来各种食材之间的味道才能充分融合在一起。

巧克力坚果意式冰激凌从外观上看颜色温柔，能让人感觉到些许成熟稳重的气息。

提拉米苏

TIRAMISU

（黄冰激凌液） （成本 每100克70日元）

这款产品将意大利具有代表性的甜品做成了冰激凌。将混合了大量细砂糖的意式浓缩咖啡糖浆淋在夹着冰激凌的海绵蛋糕上，最后撒上可可粉就制成了外表看起来像蛋糕的这款冰激凌。

食材 ※4升的容器

黄冰激凌液　2160克
萨芭雍酱★　270克
牛奶　270克
海绵蛋糕（12厘米×16厘米×0.5厘米）适量
意式浓缩咖啡糖浆　适量
可可粉　少许
合计　2700克（不含海绵蛋糕等非定量食材）

做法

1　将萨芭雍酱和牛奶倒入料理机中搅拌。
2　将做法1中的食材和黄冰激凌液倒入冰激凌冷冻机里。
3　在切成适当大小的海绵蛋糕上涂意式浓缩咖啡糖浆，让糖浆渗入蛋糕中（图a）。
4　从冷冻机中取出稍少于总量三分之一的冰激凌。将做法3中的海绵蛋糕铺在冰激凌上压紧（图b）。如图，重复以上步骤。
5　最后铺上一层薄薄的冰激凌，撒上可可粉即可（图c）。

←可可粉

萨芭雍酱冰激凌
萨芭雍酱冰激凌
萨芭雍酱冰激凌

笔记

制作意式浓缩咖啡糖浆的时候，每200毫升意式浓缩咖啡里需要加入100克的细砂糖。没有意式浓缩咖啡的情况下，用普通的咖啡代替也可以。

★萨芭雍酱

食材

红酒（马尔萨拉酒）360克
蛋黄　430克
细砂糖　360克
合计　1150克

做法

1　将蛋黄和细砂糖搅拌均匀。
2　加入红酒，一边用水浴法加热，一边用打蛋器继续搅拌。搅拌至慕斯状后用冷水冷却即可。

Tiramisu

巧克力脆片
CHOCOLATE CHIP

(白冰激凌液)　(成本 每100克50日元)

　　这款冰激凌的魅力在于完美融合了奶香十足的冰激凌与巧克力。选择容易在口中化开的巧克力,是能够做出美味巧克力脆片冰激凌的秘诀之一。

食材

白冰激凌液　950克
巧克力酱　50克
合计　1000克

做法

1 将白冰激凌液倒入冰激凌冷冻机中。
2 从冰激凌冷冻机里取出一半已经凝固好的冰激凌,淋上一半用水浴法化开的巧克力酱。
3 待巧克力酱凝固之后,将其与冰激凌搅拌均匀。
4 取出冷冻机中剩下的另一半冰激凌,重复上述步骤即可。
※装饰用的巧克力酱不计入食材总量。

笔记

如果用普通的巧克力混入冰激凌,因为温度低不容易化开,口感就会变差。所以应该选用含油量高的、专门用于制作脆片的巧克力酱。

Chocolate Chip

焦糖布丁

CREAM BRULEE

(黄冰激凌液)　(成本 每100克50日元)

　　焦糖布丁最大的特点就在于鸡蛋带来的浓厚口感以及焦糖的香味。这款冰激凌使用了现成的焦糖布丁液，老少皆宜的口味让它成为了广受喜爱的一款意式冰激凌。

食材

黄冰激凌液　760克
焦糖布丁液　80克
牛奶　160克
合计　1000克

做法

将所有食材混合在一起，倒入冰激凌冷冻机中即可。

※装饰用的焦糖布丁液不计入食材总量。

笔记

焦糖布丁拥有比较特殊的口味，通过着眼于这些特殊口味的开发工作，可以推动意式冰激凌口味多样性的发展。

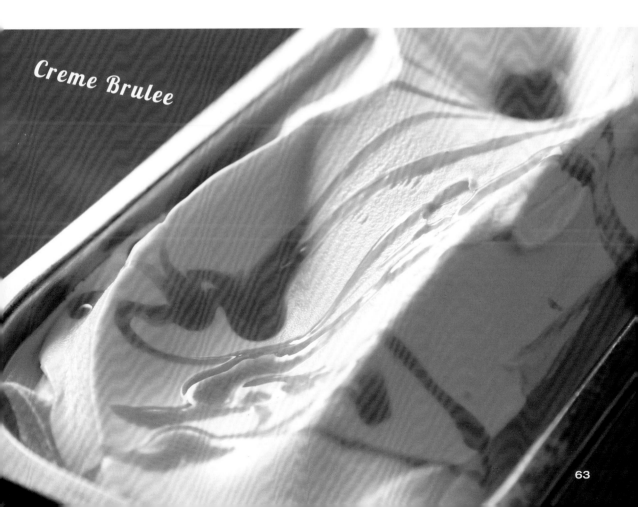

Creme Brulee

奶油焦糖
CREAM CARAMEL

(黄冰激凌液)　(成本 每100克50日元)

食材

黄冰激凌液　700克

焦糖液　100克

牛奶　200克

合计　1000克

做法

将所有食材混合在一起后倒入冰激凌冷冻机即可。

奶油芝士
CREAM CHEESE

(黄冰激凌液)　(成本 每100克50日元)

食材

黄冰激凌液　700克

奶油芝士酱★　300克

合计　1000克

做法

将所有食材混合在一起后倒入冰激凌冷冻机中即可。

笔记

奶油芝士味的意式冰激凌入口能品尝到浓厚的芝士香味。使用不同品种的芝士制作出来的冰激凌味道也大不相同。制作的重点在于要将芝士制作成顺滑的芝士酱后再投入使用。

★奶油芝士酱

食材

奶油芝士　400克

牛奶　560克

水饴　340克

柠檬汁　60克

合计　1360克（完成后总量约1300克）

做法

1 用料理机将奶油芝士搅拌至顺滑状态。

2 向锅中倒入牛奶和水饴，加热过程中不断地搅拌。

3 加入做法1中的食材，继续加热，注意不要烧焦。待锅中食材温度达到80℃之后，将锅泡在冷水里降温。

4 加入柠檬汁搅拌均匀即可。

饭店、咖啡馆的装盘实例②

充分展示巧克力的魅力

不管在饭店还是咖啡馆，巧克力口味的冰激凌都是深受大众喜爱的经典口味。
图中为并排摆放的牛奶和巧克力双色冰激凌，并点缀上巧克力酱和坚果的装盘实例。

森林坚果
FOREST NUTS

白冰激凌液　　成本 每100克70日元

坚果、曲奇等

奶香十足、口感顺滑的意式冰激凌和坚果类食材也非常相配。坚果的口感能够起到锦上添花的作用。除了坚果，接下来还会介绍制作时使用到曲奇的意式冰激凌。

Forest Nuts

66

坚果、巧克力、牛奶冰激凌，这样的组合不管从味道还是口感上来说，任谁都不能抵挡住它的诱惑吧。通过烤箱烤制的坚果，它的魅力就在于散发出的香味能让冰激凌变得更加美味。使用多种坚果制成的"森林坚果"冰激凌，连名字都非常吸引人。

食材

白冰激凌液　845g

自制杏仁糖★　50g

烤腰果　15g

碧根果　15g

烤核桃　15g

烤开心果　5g

烤榛子　15g

巧克力酱　40g

合计　1000g

做法

1 将白冰激凌液放入冰激凌冷冻机中。

2 从杏仁糖开始，将6种坚果稍稍捣碎备用。

3 冻好的冰激凌取出一半放入容器中，加入半份捣碎的坚果（图a）。浇上用水浴法化开的巧克力酱（图b）。待凝固后再将整体搅拌均匀（图c）。

4 将剩下的冰激凌取出，放入同一容器中，加入剩余坚果，搅拌均匀。

※装饰用的坚果和巧克力酱不计入食材总量。

★自制杏仁糖

食材

生杏仁　300g

水　100g

细砂糖　300g

合计　700g（完成后总量约570g）

笔记

除了杏仁糖，其他的烤坚果请根据个人喜好的焦香程度来调整烤制时间。

做法

1 向锅中加入水和细砂糖。沸腾之后加入生杏仁，用木勺搅拌（图a）。注意要经常搅拌防止粘锅。

2 待水分完全蒸发后会析出细砂糖结晶，不关火，继续搅拌至细砂糖化开（图b）。待细砂糖完全化开后，迅速将杏仁糖转移到铺有烘焙纸的盘子里。尽可能在不重叠的情况下将杏仁糖铺展开（图c）。冷却凝固后，杏仁糖的制作就完成了。

Almond Praline

杏仁糖

ALMOND PRALINE

（黄冰激凌液） （成本 每100克50日元）

　　这款冰激凌是使用了第69页中所介绍的焦糖风味自制杏仁糖所制成的新口味冰激凌。将杏仁糖细细捣碎搅拌入冰激凌中，就能让食客既品尝到焦糖的香甜，又感受到杏仁糖的口感了。

a

食材

黄冰激凌液　890克
牛奶　30克
自制杏仁糖（※参考
第69页）80克
合计　1000克

做法

1 将黄冰激凌液和牛奶倒入冰激凌冷冻机中。

2 取出一半已经凝固的冰激凌转移到容器里，加入一半事先已经捣碎了的杏仁糖，充分搅拌。

3 从冷冻机里取出剩下的冰激凌放入容器里，加入剩下的杏仁糖搅拌均匀即可（图a）。

※装饰用的杏仁糖不计入食材总量。

笔记

美味香甜的自制杏仁糖直接作为商品在店里出售也是可以的。

Cookie Cream

曲奇奶油

COOKIE CREAM

(白冰激凌液)　(成本 每100克50日元)

　　关于制作步骤，只需要把市面上普通的曲奇饼捣碎之后混入牛奶冰激凌搅拌均匀即可。不仅如此，牛奶冰激凌和曲奇饼的组合大有人气。使用自己喜欢的曲奇饼进行创新也是一个不错的选择。

食材

白冰激凌液　940克

曲奇饼　60克

合计　1000克

做法

1 将白冰激凌液倒入冰激凌冷冻机中。

2 取出一半已经凝固好的冰激凌转移到容器中，和一半已经捣碎的曲奇混合在一起，搅拌均匀。再从冷冻机里取出剩下的一半冰激凌，重复上述步骤即可。

※装饰用的巧克力酱和曲奇不计入食材总量。

笔记

制作曲奇奶油冰激凌时使用的是捣碎的曲奇饼，因此可以将碎的曲奇饼利用起来。

吉安杜佳榛子巧克力

GIANDUIA

(黄冰激凌液)　(成本 每100克80日元)

食材

黄冰激凌液　840克

榛子巧克力酱　80克

牛奶　80克

合计　1000克

做法

将所有食材混合在一起之后倒入冰激凌冷冻
机里即可。

> **笔记**
>
> "吉安杜佳（GIANDUIA）"是一种产自意
> 大利的榛子风味夹心巧克力，入口之后的感
> 觉会让人联想到这是一款"大人的巧克力"。

苹果派

APPLE PIE

(白冰激凌液)　(成本 每100克80日元)

食材　※4升的容器

白冰激凌液　2250克

苹果酱（※参考第55页"苹果牛奶"中的苹
果酱制法）　750克

派（或咸饼干）　适量

合计　3000克（不含派）

做法

1 将白冰激凌液和一半苹果酱放入冰激凌
冷冻机里。

2 取出四分之一已经凝固的冰激凌转移到
容器里，将剩下的苹果酱以及四分之一
的派铺在上面。重复上述步骤就能得到
漂亮的多层夹心冰激凌了。

饭店、咖啡馆的装盘实例③

用坚果精心点缀

下图是用坚果点缀在牛奶冰激凌上的装杯实例。

光是用巧克力酱和坚果来装饰，就足以提升牛奶冰激凌作为商品的价值。

抹茶
GREEN TEA

白冰激凌液　成本 每100克70日元

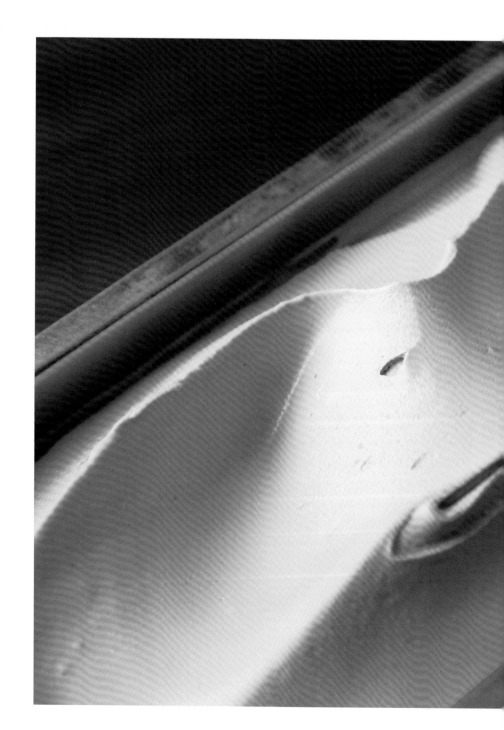

和风元素、蔬菜

通过使用抹茶这类充满『和风』的食材，能够创造出日本独有的意式冰激凌。使用蔬菜制成的意式冰激凌，最大的特点就在于食材的健康，市场前景非常好。

在日本的意式冰激凌专营店，大部分情况下抹茶口味都能够入选店里最受欢迎口味的前三名，人气非常高。美味与否的决定性因素就在于所使用的抹茶品质。如果使用品质好的抹茶，成品能够呈现出漂亮的绿色，风味和香味也会强烈一些。

食材

白冰激凌液　980克
抹茶　20克
合计　1000克

做法

1 将白冰激凌液和抹茶倒入料理机里搅拌均匀。
2 将做法1中的食材倒入冰激凌冷冻机里即可。

笔记

由于抹茶在光照、潮湿或与空气接触的情况下容易氧化，色泽也会变差，所以可以根据每次的使用量，将抹茶分成小包冷冻保存。冷冻时也应注意不要让抹茶受到光照。

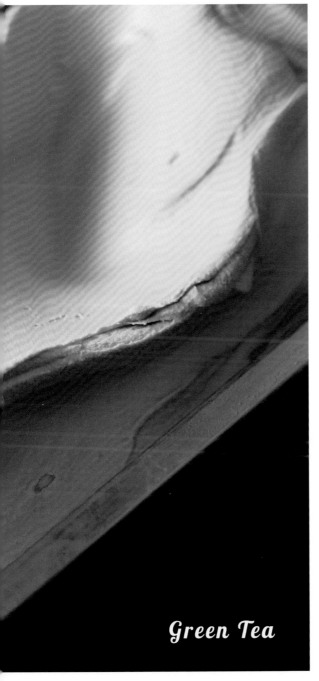

Green Tea

※只有使用抹茶才能呈现出来的绿色，非常上镜。

酒之华

SAKE FLOWER

（白冰激凌液） （成本 每100克40日元）

这款是使用酒糟制成的充满日式风情的意式冰激凌。酒糟丰富的香味给牛奶冰激凌添加了一丝别样的美味。新年的时候可以像图中那样点缀上金箔或黑豆，作为特别商品推出。

食材

白冰激凌液　900克
酒糟酱★　100克
合计　1000克

做法

将所有食材放入冰激凌冷冻机即可。

※装饰用的黑豆和金箔不计入食材总量。

> **笔记**
>
> 通过使用酒糟，可以制作出与"酒之华"这个名字相配的奢华香味。冰激凌的味道会因为酒糟种类的不同而发生变化。可以根据每次的使用量，将酒糟酱分小袋冷冻保存。

★酒糟酱

食材

酒糟　300克
细砂糖　120克
水　340克
合计　760克（完成后总量约600克）

做法

1 向锅中加入水和细砂糖（图a），等沸腾之后转中小火，将酒糟掰小块加入（图b）。

2 边煮边用铲子不断搅拌，防止烧焦（图c），煮至食材中的酒精完全蒸发（沸腾后5分钟左右）。

3 将做法2中的食材倒入料理机，搅拌至顺滑状态即可（图d）。

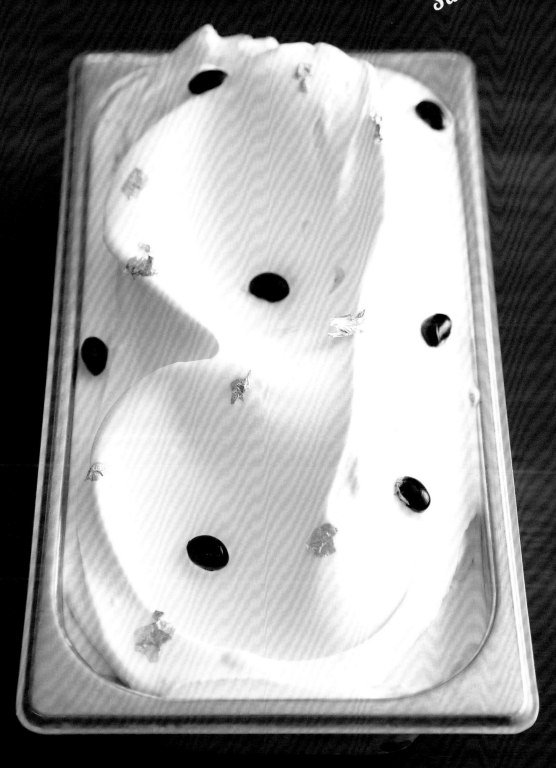

番薯

SWEET POTATO

（黄冰激凌液） （成本 每100克50日元）

　　这是一款令人意想不到的、使用番薯制成的意式冰激凌。比较受女性食客青睐。虽然可以直接使用微波炉加热番薯，但是用柠檬汁煮过的番薯口感层次会更丰富。

食材

黄冰激凌液　720克
番薯（已经过加热处理）　200克
水饴　80克
合计　1000克

笔记

由于番薯中的淀粉含量较高，用番薯制成的冰激凌口感会比较硬，因此制作冰激凌的时候需要多加一些糖。选择甜度低的水饴，这样冰激凌整体就不会过甜。

做法

1 提前加热好番薯，让番薯软度适中（图a）。
2 将所有食材放入料理机中搅拌均匀（图b），倒入冰激凌冷冻机里即可。
※装饰用的番薯不计入食材总量。

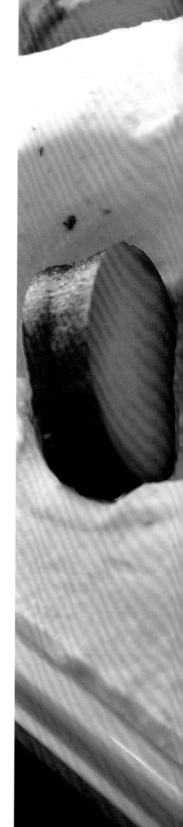

Sweet Potato

黄豆粉

KINAKO

〔黄冰激凌液〕 〔成本 每100克40日元〕

　　这是一款可以让你享受"黄豆粉"朴素风味的意式冰激凌。既能给人留下强烈的和式魅力，又给人耳目一新的感觉。点缀上黑豆也是不错的选择。根据煎大豆时火候的不同，黄豆粉的味道也会发生变化，因此食材的选择是非常重要的。

食材

黄冰激凌液　980克

黄豆粉　20克

合计　1000克

做法

将黄冰激凌液和黄豆粉用料理机搅拌均匀，再倒入冰激凌冷冻机里即可。

※装饰用的黑豆不计入食材总量。

笔记

一般情况下黄豆粉都是使用大豆制成的，但使用糙米制成的豆粉也十分美味，更能让人品尝到和式风味。

Kinako

荞麦
SOBA

白冰激凌液　成本 每100克50日元

食材
白冰激凌液　970克
荞麦茶（经过烤制的荞麦）　30克
合计　1000克

做法
1 将白冰激凌液和20克荞麦茶用料理机搅拌均匀。
2 将做法1中的食材倒入冰激凌冷冻机。
3 将凝固的冰激凌转移到容器里，加入剩下的荞麦茶，搅拌均匀即可。

黄豆粉年糕
KINAKO MOCHI

黄冰激凌液　成本 每100克70日元

食材
黄冰激凌液　880克
黄豆粉　20克
求肥※（5毫米小块）　100克
合计　1000克
※求肥：主要由糯米粉和绵白糖制成的日式点心。

做法
1 将黄冰激凌液和黄豆粉用料理机搅拌均匀，倒入冰激凌冷冻机。
2 从冷冻机里取出一半凝固的冰激凌转移到容器里，加入一半求肥搅拌均匀。再取出剩下的冰激凌，重复上述步骤。

黑芝麻
BLACK SESAME

白冰激凌液　成本 每100克40日元

食材
白冰激凌液　980克
黑芝麻（煎制）　20克
合计　1000克

做法
将白冰激凌液和黑芝麻用料理机搅拌均匀，再倒入冰激凌冷冻机里即可。

笔记
黄豆粉年糕口味中的求肥，有着会让人上瘾的口感。根据个人喜好加入黑糖也是不错的选择。黑芝麻口味的意式冰激凌从外观上看是灰色的，会给人带来一定的视觉冲击。

南瓜
PUMPKIN

(黄冰激凌液)　(成本 每100克40日元)

食材

黄冰激凌液　720克
南瓜（已经过加热处理）　200克
水饴　80克
合计　1000克

做法

1 南瓜削皮去籽，用水煮或微波炉加热备用。
2 将做法1中的南瓜和其余食材用料理机搅拌均匀，倒入冰激凌冷冻机里即可。

艾菊
TANSY

(白冰激凌液)　(成本 每100克50日元)

食材

白冰激凌液　870克
艾菊粉　10克
水饴　50克
水　70克
合计　1000克

做法

1 向锅中加入艾菊粉、水饴和水，一边加热一边搅拌。
2 做法1中的食材冷却后混入白冰激凌液里搅拌均匀，再倒入冰激凌冷冻机里即可。

红豆
BEAN JAM

(白冰激凌液)　(成本 每100克40日元)

食材

白冰激凌液　700克
红豆（水煮）　200克
牛奶　100克
合计　1000克

做法

1 将红豆和牛奶混合之后过筛。
2 将做法1中过滤好的牛奶、一半红豆混入白冰激凌液中，倒入冰激凌冷冻机。
3 从冷冻机中取出凝固的冰激凌转移到容器中，与剩下的红豆搅拌均匀即可。

麦麸
WHEAT BRAN

(黄冰激凌液)　(成本 每100克40日元)

食材

黄冰激凌液　980克
麦麸　20克
合计　1000克

做法

将黄冰激凌液和麦麸用料理机搅拌均匀，再倒入冰激凌冷冻机里即可。

笔记

麦麸也叫麦皮，以前经常被用来制作点心。艾菊和求肥搭配在一起也别有一番风味。红豆与牛奶的组合也是一个不错的选择。

玉米

CORN

(黄冰激凌液)　(成本 每100克50日元)

食材

黄冰激凌液　720克

玉米（已经过加热处理）　200克

水饴　80克

合计　1000克

> **笔记**
>
> 玉米口味的冰激凌成品呈现鲜亮的黄色，玉米和牛奶在口味上也十分相配。

做法

1 将已经过加热处理的玉米、黄冰激凌液和水饴放入料理机中搅打至糊状。如果有比较明显的玉米皮残留，就过一遍筛（※若使用可以高速运转的料理机，可以搅拌得更加顺滑，就没有过筛的必要）。

2 将做法1的食材倒入冰激凌冷冻机里即可。

烩饭（米）

RISOTTO

(白冰激凌液)　(成本 每100克40日元)

食材

白冰激凌液　600克

烩饭酱★　200克

牛奶　200克

合计　1000克

做法

将所有的食材混合均匀后倒入冰激凌冷冻机里即可。

> **笔记**
>
> 烩饭口味冰激凌中的米事先用柠檬皮和朗姆酒进行调味，能够给食客带来新鲜的味觉体验。

★烩饭酱

食材

米　400克

水　1500克

盐　5克

（煮好后总重约700克）

牛奶　800克

水饴　240克

细砂糖　200克

海藻糖　100克

淡奶油　160克

朗姆酒　30克

柠檬皮屑　4个量

合计　2230克

（柠檬皮屑不计入食材总量。完成后总量约2100克）

做法

1 米洗净，加盐和水煮至断生（不夹生），用水冲洗，沥干。

2 向锅中加入做法1的食材、牛奶、水饴、细砂糖以及海藻糖，煮至沸腾。转小火继续煮5分钟左右，再加入淡奶油和朗姆酒。搅拌一下，关火，加入柠檬皮屑，搅拌放凉。将煮好的烩饭酱在冰箱里放置两三天，使米粒充分混入其他食材味道后再使用。

饭店、咖啡馆的装盘实例④

在和式风情和蔬菜使用上下功夫

图为和式风味冰激凌和蔬菜冰激凌的装盘实例。

左图为大受好评的抹茶冰激凌、豆沙和汤圆的组合。

右图为点缀了厚切番薯片的番薯冰激凌。

萨芭雍
ZABAJONE

(黄冰激凌液)　(成本 每100克50日元)

食材

黄冰激凌液　800克

萨芭雍酱（参考第60页）　100克

牛奶　100克

合计　1000克

笔记

萨芭雍口味冰激凌是使用西西里岛的马尔萨拉葡萄酒制成的传统风味意式冰激凌。

做法

将所有食材放入冰激凌冷冻机里即可。

红酒
WINE

(白冰激凌液)　(成本 每100克60日元)

食材

白冰激凌液　880克

红酒　90克

葡萄汁　20克

柠檬汁　10克

合计　1000克

做法

将所有食材倒入冰激凌冷冻机里即可。

柠檬酒
LIMONCELLO

(白冰激凌液)　(成本 每100克50日元)

食材

白冰激凌液　890克

柠檬酒（柠檬口味利口酒）　30克

柠檬皮屑　1个量

柠檬汁　20克

牛奶　60克

合计　1000克（不含柠檬皮屑）

做法

将所有食材倒入冰激凌冷冻机里即可。

笔记

柠檬酒冰激凌是带有柠檬风味的成年人口味冰激凌，其中含有少量的酒精成分。

卡布奇诺

CAPPUCCINO

（白冰激凌液） （成本 每100克60日元）

食材

白冰激凌液　870克
咖啡液※　30克
牛奶　100克
合计　1000克

做法

将所有食材倒入冰激凌冷冻机里即可。
※咖啡液的做法：向深口锅中倒入细砂糖（500克），开火加热。细砂糖化开、沸腾之后转小火，煮至褐色（沸腾后再煮两三分钟）。加入500克开水（100℃）搅拌均匀（倒入开水时注意不要被水蒸气烫伤。操作的时候手不要伸到锅中），再一点点倒入咖啡搅拌均匀。冷却之后再使用。

笔记

如果向卡布奇诺口味冰激凌中再稍稍加入一些意式浓缩咖啡的话，风味会更明显。

奶茶

MILK TEA

（白冰激凌液） （成本 每100克50日元）

食材

白冰激凌液　840克
红茶液※　160克
合计　1000克

做法

将所有食材倒入冰激凌冷冻机里即可。
※红茶液的做法：向锅中加入750克水，加热至沸腾。放入100克红茶茶叶，转小火煮两三分钟之后过滤。向过滤好的红茶液中加入150克细砂糖，搅拌均匀后冷却备用。

笔记

根据红茶的种类以及煮制方法不同，奶茶口味冰激凌的风味也会发生改变，根据个人喜好调整即可。

酸奶

YOGURT

（白冰激凌液） （成本 每100克30日元）

食材

白冰激凌液　350克
无糖酸奶　450克
细砂糖　50克
水饴　150克
合计　1000克

做法

将所有食材放入料理机中搅拌均匀，再倒入冰激凌冷冻机里即可。

饭店、咖啡馆的装盘实例⑤

意式冰激凌派对！

将使用挖勺挖出来的冰激凌球如图所示摆放起来，立体感会增强，同时还能拥有奢华的视觉效果。用来作为派对上招待朋友的点心是不是很不错呢？

CHAPTER
3

雪酪的变化

■ 关于成本：食谱中标记了成品冰激凌每100克原料的成本价。由于食材的品质和进货方法不同，成本价自然也会发生变化，标记的成本价仅作参考。制作完成后的意式冰激凌体积会变大（因为吸入了空气），所以100克的冰激凌应该能够填满容量120毫升的容器。
■ 关于水果的清洗和灭菌：水果要经过清洗和灭菌之后再使用。首先将稀释过后的中性洗剂放入盆中，放入水果，用海绵擦拭洗净，再在水龙头下冲洗干净。之后再将洗干净的水果放入浓度200mg/L的次氯酸钠溶液（用水将浓度为6%的次氯酸钠溶液稀释300倍）中浸泡5分钟灭菌，泡完之后再在水龙头下冲洗干净。根据需要，将水果削皮去核。食谱中的水果重量均为削皮或去核之后的重量。
■ 关于稳定剂：本书中制作雪酪时使用的稳定剂建议用量在2%~2.5%（含糖稳定剂），也就是说食谱中1000克的食材对应使用20克稳定剂。不含糖的稳定剂建议用量则在0.2%~0.5%，根据实际情况调整稳定剂用量即可。

受欢迎的水果

柠檬雪酪
LEMON SHERBET

鲜榨果汁　　成本 每100克40日元

Lemon Sherbet

通过雪酪，可以享受到各种水果的美味，这也是意式冰激凌的一大优点。接下来介绍以柠檬、草莓口味为首的一系列深受食客喜爱的雪酪。

这是一款突出柠檬清爽酸味的雪酪。通过使用新鲜柠檬汁，能够最大限度地发挥柠檬雪酪口味上的优势。柠檬爽口的酸味和雪酪的甜味完美中和带来的美味是这款雪酪最大的亮点。

食材

柠檬汁（新鲜） 160克

细砂糖 180克

海藻糖 30克

水饴 50克

稳定剂 20克

水（35℃~45℃） 560克

合计 1000克

做法

1 用柠檬挤压器之类的工具挤出柠檬汁。

2 将水和稳定剂倒入料理机，搅拌均匀。

3 加入细砂糖、海藻糖和水饴，搅拌均匀。

4 再加入做法1中的柠檬汁搅拌。

5 将做法4中的食材倒入冰激凌冷冻机中即可。

※装饰用的柠檬不计入食材总量。

笔记

如果加入削下来的柠檬皮，雪酪的香味会更明显。但需要注意的是，加入过量柠檬皮的话雪酪会发苦。除此之外，使用之前一定要将柠檬皮仔细清洗干净。

草莓雪酪

STRAWBERRY SHERBET

鲜果　　成本 每100克80日元

这款雪酪非常受喜爱草莓的食客欢迎。根据草莓种类的不同，制作出来的雪酪颜色、香味、酸甜比例也会发生变化，所以销售的时候可以标识出草莓原料的种类。

食材

草莓（新鲜）　400克

柠檬汁　20克

细砂糖　165克

海藻糖　27克

水饴　48克

稳定剂　20克

水（35℃~45℃）　320克

合计　1000克

做法

1 草莓参考第40页的方法洗净、灭菌。

2 将水和稳定剂倒入料理机，搅拌均匀。

3 加入细砂糖、海藻糖和水饴，搅拌均匀（图a）。

4 将做法1的草莓、做法3的一部分食材和柠檬汁一起倒入料理机里搅拌均匀（图b）。

5 将做法4的食材和剩下的做法3的食材一起倒入冰激凌冷冻机中即可（图c、图d）。

※装饰用的草莓不计入食材总量。

笔记

关于草莓的灭菌，除了第40页介绍的方法之外，还可将草莓在100℃的热水中浸泡30秒左右。

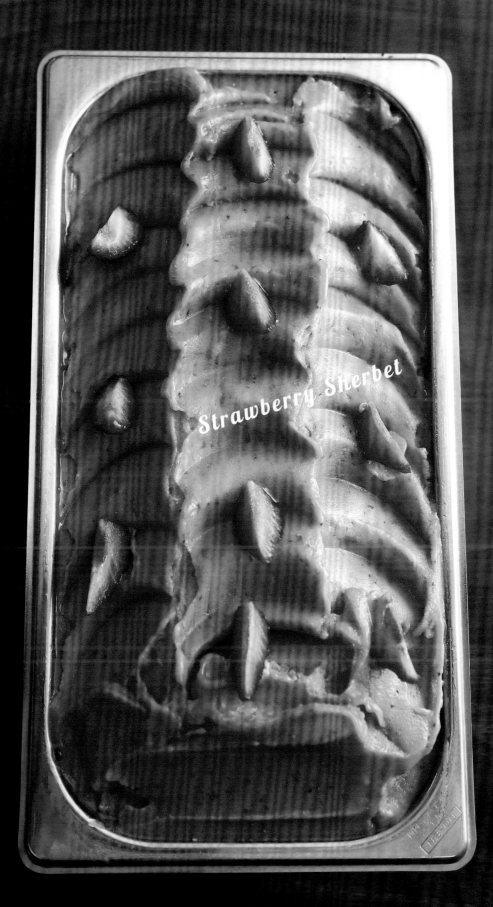

Strawberry Sherbet

森林莓果雪酪

STRAWBERRIES IN THE FOREST

（鲜果、冻果）　（成本 每100克60日元）

使用一种莓类制作出的不同雪酪固然很受食客欢迎，但将各种莓类混合起来制作出的雪酪，其颜色和风味都会发生意想不到的改变。关于名称，由于使用了多种莓果，所以叫森林莓果雪酪。通过取名，也能够凸显出这款雪酪的独一无二。

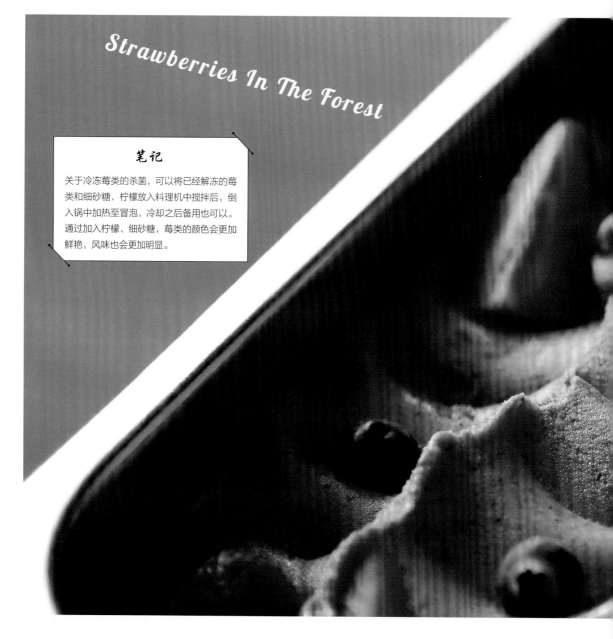

笔记

关于冷冻莓类的杀菌，可以将已经解冻的莓类和细砂糖、柠檬放入料理机中搅拌后，倒入锅中加热至冒泡，冷却之后备用也可以。通过加入柠檬、细砂糖，莓类的颜色会更加鲜艳，风味也会更加明显。

食材

草莓（新鲜） 120克

冷冻的整颗树莓 80克

冷冻的整颗蓝莓 50克

柠檬汁 20克

细砂糖 175克

海藻糖 29克

水饴 50克

稳定剂 20克

水（35℃~45℃） 456克

合计 1000克

做法

1 草莓参考第40页的方法洗净、灭菌备用。

2 将水和稳定剂倒入料理机，搅拌均匀。

3 加入细砂糖、海藻糖和水饴，搅拌均匀。

4 将做法1的草莓、经过灭菌处理的树莓和蓝莓、做法3的一部分食材和柠檬汁倒入料理机中搅拌均匀。

5 将做法4的食材和剩下的做法3的食材倒入冰激凌冷冻机中即可。

※装饰用的莓类不计入食材总量。

哈密瓜雪酪

MELON SHERBET

(鲜果)　(成本 每100克50日元)

哈密瓜也是深受大众喜欢的水果之一，因此哈密瓜雪酪也是人气商品。这里使用的是红肉哈密瓜，其果肉颜色鲜艳、香味强烈，口味也比较好把控，是比较适合制作雪酪的水果。

食材

哈密瓜（新鲜） 400克

柠檬汁 10克

细砂糖 134克

海藻糖 22克

水饴 38克

稳定剂 20克

水（35℃~45℃） 176克

牛奶 200克

合计 1000克

做法

1 哈密瓜削皮去籽，切成适当大小（图a、图b）。

2 将水和稳定剂倒入料理机，搅拌均匀。

3 加入细砂糖、海藻糖和水饴，搅拌均匀。

4 将做法1的哈密瓜果肉、做法3的一部分食材和柠檬汁一起加入料理机中搅拌。

5 将做法4的食材和剩下的做法3的食材一起倒入冰激凌冷冻机。

6 1分钟后将牛奶倒入冷冻机中。

※装饰用的哈密瓜果肉不计入食材总量。

笔记

如果将食材中的一部分水换成牛奶，雪酪的口感会更好，颜色也会变淡。如果牛奶的使用量不足20%，雪酪中的固形物含量就不会达到3%（※使用普通牛奶的情况下）。

a

b

Melon Sherbet

苹果雪酪

APPLE SHERBET

（鲜果）　（成本 每100克40日元）

　　使用苹果果肉和果皮制作出来的雪酪风味会更强烈。这样制作出来的雪酪多酚和果胶等营养成分的含量也会提高，雪酪中的果肉颗粒也会更加明显，能够营造出一种手工制作的氛围。制作的时候需要意识到，根据苹果种类的不同，制作出来的雪酪味道也会发生变化。

Apple Sherbet

食材

苹果（新鲜） 400克

柠檬汁 20克

细砂糖 152克

海藻糖 25克

水饴 48克

稳定剂 20克

水（35℃~45℃） 335克

合计 1000克

做法

1 苹果削皮去核。留下三分之一的苹果皮，切成适当大小备用。

2 将水和稳定剂倒入料理机，搅拌均匀。

3 加入细砂糖、海藻糖和水饴，搅拌均匀。

4 将做法1的苹果、做法3的一部分食材和柠檬汁一起倒入料理机搅拌。

5 将做法4的食材和做法3剩下的食材一起倒入冰激凌冷冻机中即可。

※装饰用的苹果不计入食材总量。

笔记

制作苹果雪酪时还有一种方法是将不同品种的苹果混合起来使用。比如，如果混合了表皮鲜红的红玉苹果，成品就会呈现出粉色，从外观看起来让人印象深刻。

猕猴桃雪酪

KIWI FRUIT SHERBET

（鲜果）　（成本 每100克40日元）

　　这款雪酪最大的特点就在于使用猕猴桃之后所呈现的颜色。猕猴桃是一种富含维生素、矿物质以及膳食纤维的水果。由于这种水果风味比较强烈，因此制作雪酪的时候应少量使用，加入牛奶之后口味会变得更温和。

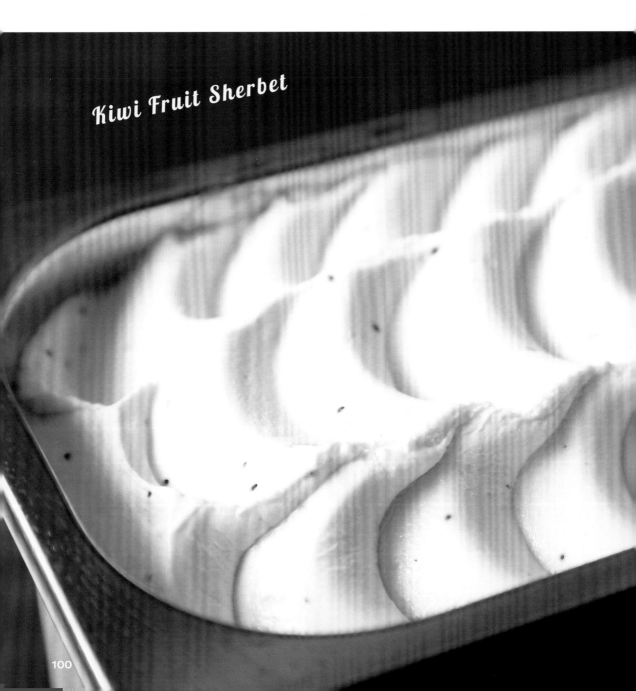

食材

獼猴桃（新鲜） 250克

柠檬汁 20克

细砂糖 151克

海藻糖 25克

水饴 43克

稳定剂 20克

水（35℃~45℃） 291克

牛奶 200克

合计 1000克

做法

1 獼猴桃削皮，切成适当大小。

2 将水和稳定剂倒入料理机，搅拌均匀。

3 加入细砂糖、海藻糖和水饴，搅拌均匀。

4 将做法1的獼猴桃、做法3的一部分食材和柠檬汁一起倒入料理机中。不要把獼猴桃籽打得太散，让料理机间断工作，搅拌均匀。

5 将做法4的食材和做法3剩下的食材倒入冰激凌冷冻机。

6 1分钟后将牛奶倒入冷冻机即可。

笔记

在雪酪中能看见一颗颗獼猴桃籽的话会给人一种更加可爱的感觉。为了使成品风味更好，注意搅拌时不要把籽打得太散。

只有獼猴桃雪酪才能呈现出的温柔绿色，在展柜排列的时候可以灵活利用这一特点进行雪酪的展示。

葡萄柚雪酪
GRAPEFRUIT SHERBET

(鲜果)   (成本 每100克40日元)

　　这款雪酪能够让你同时品尝到葡萄柚的清爽酸味和若有若无的苦味。葡萄柚中含有的柠檬烯具有舒缓身心的作用。这次使用的红宝石葡萄柚含有抗氧化的番茄红素。

食材

葡萄柚（新鲜） 400克

柠檬汁　20克

细砂糖　152克

海藻糖　25克

水饴　48克

稳定剂　20克

水（35℃~45℃）　335克

合计　1000克

做法

1 葡萄柚剥皮，只使用果肉（图a、图b）。

2 将水和稳定剂倒入料理机，搅拌均匀。

3 加入细砂糖、海藻糖和水饴，搅拌均匀。

4 将做法1的葡萄柚、做法3的一部分食材和柠檬汁一起倒入料理机搅拌。

5 将做法4的食材和做法3剩下的食材一起倒入冰激凌冷冻机中即可。

※装饰用的葡萄柚不计入食材总量。

笔记

如果在雪酪快要凝固好之前加入葡萄柚果肉，果肉的口感会更强烈，还能够增强雪酪的鲜度。

Grapefruit Sherbet

橙子雪酪
ORANGE SHERBET

(鲜榨果汁)　(成本 每100克50日元)

　　瓦伦西亚橙酸味较强；脐橙酸味较温和；血橙拥有鲜红的果肉和丰富的口感。使用不同的橙子制作出来的雪酪口味也会发生变化。这次的食谱使用的是瓦伦西亚橙。

食材

橙汁（新鲜） 400克

柠檬汁　20克

细砂糖　152克

海藻糖　25克

水饴　48克

稳定剂　20克

水（35℃~45℃） 335克

合计　1000克

做法

1 使用挤压器榨出橙汁。

2 将水和稳定剂倒入料理机，搅拌均匀。

3 加入细砂糖、海藻糖和水饴，搅拌均匀。

4 加入做法1的橙汁和柠檬汁，搅拌均匀。

5 将做法4的食材放入冰激凌冷冻机即可。

※装饰用的橙子不计入食材总量。

笔记

血橙富含有益眼睛的花青素。使用血橙制作雪酪的话，这也是一个优点。

Orange Sherbet

菠萝雪酪

PINEAPPLE SHERBET

(鲜果)　(成本 每100克30日元)

食材

菠萝（新鲜）　400克

柠檬汁　20克

细砂糖　143克

海藻糖　24克

水饴　41克

稳定剂　20克

水（35℃~45℃）　352克

合计　1000克

做法

1 菠萝削皮去芯，切成适当大小。

2 将水和稳定剂倒入料理机，搅拌均匀。

3 加入细砂糖、海藻糖和水饴，搅拌均匀。

4 将做法1的菠萝、做法3的一部分食材和柠檬汁一起倒入料理机中搅拌。搅拌之后过滤，去除菠萝的纤维。

5 将做法4的食材和做法3剩下的食材倒入冰激凌冷冻机中即可。

....

芒果雪酪

MANGO SHERBET

(鲜果)　(成本 每100克70日元)

食材

芒果（新鲜）　300克

柠檬汁　20克

细砂糖　143克

海藻糖　24克

水饴　41克

稳定剂　20克

水（35℃~45℃）　452克

合计　1000克

做法

1 芒果削皮去核。

2 将水和稳定剂倒入料理机，搅拌均匀。

3 加入细砂糖、海藻糖和水饴，搅拌均匀。

4 将做法1的芒果、做法3的一部分食材和柠檬汁一起加入料理机搅拌。

5 将做法4的食材和做法3剩下的食材放入冰激凌冷冻机中即可。

....

葡萄雪酪

GRAPE SHERBET

(鲜果)　(成本 每100克50日元)

食材

葡萄（新鲜）　300克

柠檬汁　20克

细砂糖　133克

海藻糖　21克

水饴　38克

稳定剂　20克

水（35℃~45℃）　468克

合计　1000克

做法

1 将水和稳定剂倒入料理机，搅拌均匀。

2 加入细砂糖、海藻糖和水饴，搅拌均匀。

3 将葡萄、做法2中的一部分食材和柠檬汁一起倒入料理机中。间断启动料理机搅拌，不要把葡萄籽打碎。过滤掉葡萄籽和皮（※如果使用无籽葡萄，料理机开高速运转模式，果肉打得比较碎就没有必要再过筛了）。

4 将做法3的食材和做法2剩下的食材倒入冰激凌冷冻机中即可。

笔记

菠萝属于比较容易混入空气的食材，因此可以通过降低冰激凌从冰柜里拿出来的温度（此时的雪酪处于比较硬的状态）来降低膨胀率。除了普通的紫色葡萄，香气高级的麝香葡萄也深受食客喜爱。

蓝莓雪酪
BLUEBERRY SHERBET

(果泥) (成本 每100克100日元)

食材

冷冻蓝莓果泥（加自身重量10%的糖） 300克

柠檬汁 20克

细砂糖 145克

海藻糖 24克

水饴 42克

稳定剂 20克

水（35℃~45℃） 449克

合计 1000克

做法

1 将水和稳定剂倒入料理机，搅拌均匀。

2 加入细砂糖、海藻糖和水饴，混合均匀。

3 加入蓝莓果泥和柠檬汁。

4 将做法3的食材倒入冰激凌冷冻机即可。

> **笔记**
>
> 使用新鲜蓝莓来制作雪酪时，连同细砂糖和柠檬汁一起放入料理机里搅拌，煮沸之后冷却即可使用。制作混合水果雪酪时，最重要的是把握香味各异的水果用量平衡。

树莓雪酪
RASPBERRY SHERBET

(果泥) (成本 每100克80日元)

食材

冷冻树莓果泥（加自身重量10%的糖） 300克

柠檬汁 20克

细砂糖 133克

海藻糖 21克

水饴 38克

稳定剂 20克

水（35℃~45℃） 468克

合计 1000克

做法

1 将水和稳定剂倒入料理机，搅拌均匀。

2 加入细砂糖、海藻糖和水饴，搅拌均匀。

3 加入树莓果泥和柠檬汁，搅拌。

4 将做法3的食材倒入冰激凌冷冻机即可。

混合水果雪酪
MIXFRUIT SHERBET

(鲜果) (成本 每100克40日元)

食材

苹果（新鲜） 100克　　细砂糖 147克

香蕉（新鲜） 70克　　海藻糖 24克

菠萝（新鲜） 70克　　水饴 42克

橙子（新鲜） 70克　　稳定剂 20克

草莓（新鲜） 40克　　水（35℃~45℃） 397克

柠檬汁 20克　　合计 1000克

做法

1 水果洗净灭菌之后切成适当大小。

2 将水和稳定剂倒入料理机，搅拌均匀。

3 加入细砂糖、海藻糖和水饴，搅拌均匀。

4 将做法1的水果、做法3的一部分食材和柠檬汁放入料理机中搅拌。

5 将做法4的食材和做法3剩下的食材倒入冰激凌冷冻机中即可。

饭店、咖啡馆的装盘实例⑥

雪酪 × 果酱

　　雪酪丰富的色彩是其一大魅力。除了活用雪酪自身的色彩之外，还可以试着在盘中加入果酱，让摆盘看上去更华丽。

红布林雪酪

PLUM SHERBET

(鲜果)　(成本 每100克40日元)

红布林香味丰富，酸酸甜甜，是非常受人喜爱的夏季水果。旺季开头采摘的大石早生红布林香味强烈，果皮呈现漂亮的红色，因此能够制作出外观好看的雪酪。

食材

红布林（新鲜）　250克

柠檬汁　20克

细砂糖　152克

海藻糖　25克

水饴　44克

稳定剂　20克

水（35℃~45℃）　489克

合计　1000克

做法

1 红布林去核，带皮备用。

2 将水和稳定剂倒入料理机，搅拌均匀。

3 加入细砂糖、海藻糖和水饴，搅拌均匀。

4 将做法1的红布林、做法3的一部分食材和柠檬汁一起倒入料理机搅拌（图a）。

5 将做法4的食材和做法3剩下的食材倒入冰激凌冷冻机中即可。

笔记

大石早生品种的红布林即便刚买回来的时候颜色一般，常温下保存1~3天以后就会成熟变红，呈现出适宜制作雪酪的颜色。

即便红布林在日本并不是非常受欢迎的冰激凌口味，将它制作成雪酪后品尝起来依然能够得到丰富的口感。作为雪酪的原料，也许红布林不是那么常见。接下来就来介绍用这样的红布林制成的雪酪。

去核的时候，用刀划开红布林，再掰开。之后用刀将核剜出来。

Plum Sherbet

油桃雪酪
NECTARINE SHERBET

（鲜果） （成本 每100克50日元）

油桃属于桃类。表皮光滑无毛，果肉紧实，带着恰到好处的酸味。油桃口味的雪酪味道温和，受到男女老少的喜爱。使用和油桃味道相配的牛奶制作出来的雪酪会呈现出非常柔和的颜色。

食材

油桃（新鲜） 400克

柠檬汁 10克

细砂糖 126克

海藻糖 21克

水饴 36克

稳定剂 20克

水（35℃~45℃） 187克

牛奶 200克

合计 1000克

做法

1 油桃去核，带皮备用。

2 将水和稳定剂倒入料理机，搅拌均匀。

3 加入细砂糖、海藻糖和水饴，搅拌均匀。

4 将做法1的油桃、做法3的一部分食材和柠檬汁一起倒入料理机搅拌。

5 将做法4的食材和做法3剩下的食材倒入冰激凌冷冻机中。

6 1分钟之后将牛奶倒入冷冻机中即可。

※装饰用的油桃不计入食材总量。

油桃和第108页的红布林一样带皮使用。在不削皮的情况下，对半掰开油桃后，用刀将核剜出来。

笔记

加入牛奶能让雪酪的口感更加顺滑。

Nectarine Sherbet

番茄罗勒雪酪

TOMATO & BASIL

(鲜果) (成本 每100克60日元)

使用完全成熟的鲜红番茄能够制作出颜色、香气以及酸甜程度都恰到好处的雪酪。多加柠檬汁的话雪酪的味道会更加清爽，加入罗勒等香料能够增添意式风味。

食材

番茄（新鲜） 350克

罗勒（新鲜） 2片

柠檬汁 80克

细砂糖 168克

海藻糖 28克

水饴 48克

稳定剂 20克

水（35℃~45℃） 306克

合计 1000克（不含罗勒）

笔记

完全成熟的番茄表面容易开裂，但是雪酪中使用的番茄已经去皮，因此不存在这个问题。通过水浴法去皮也可以达到灭菌的效果。

做法

1 番茄去蒂，用水浴法去皮。

2 将水和稳定剂倒入料理机，搅拌均匀。

3 加入细砂糖、海藻糖和水饴，搅拌均匀。

4 将做法1的番茄、做法3的一部分食材和柠檬汁一起倒入料理机搅拌（图a、图b）。

5 将罗勒叶和一部分做法4的食材用料理机搅拌均匀，和做法4剩下的食材混合在一起（图c、图d）。

6 将做法3剩下的食材和做法5的食材倒入冰激凌冷冻机中即可。

※装饰用的番茄和罗勒不计入食材总量。

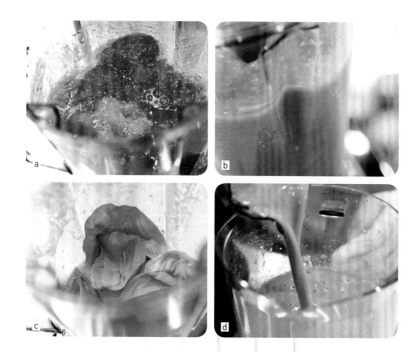

Tomato & Basil

无花果雪酪

FIG SHERBET

(鲜果) (成本 每100克50日元)

食材

无花果（新鲜） 300克

柠檬汁 20克

细砂糖 154克

海藻糖 24克

水饴 44克

稳定剂 20克

水（35℃~45℃） 238克

牛奶 200克

合计 1000克

做法

1 将带皮无花果分成四等份，和柠檬汁、细砂糖、水饴一起放入锅中煮，冷却备用。

2 将水、稳定剂和海藻糖倒入料理机，搅拌均匀。

3 将做法1的食材和做法2的一部分食材一起倒入料理机搅拌。

4 将做法3的食材和做法2剩下的食材倒入冰激凌冷冻机中。

5 1分钟后将牛奶倒入冷冻机中即可。

· ·

柿子雪酪

PERSIMMON SHERBET

(鲜果) (成本 每100克40日元)

食材

柿子（新鲜） 300克

柠檬汁 10克

细砂糖 150克

海藻糖 25克

水饴 43克

稳定剂 20克

水（35℃~45℃） 452克

合计 1000克

做法

1 柿子削皮去核，切成适当大小。

2 将水和稳定剂倒入料理机，搅拌均匀。

3 加入细砂糖、海藻糖和水饴，搅拌均匀。

4 将做法1的柿子、做法3的一部分食材和柠檬汁一起倒入料理机搅拌。

5 将做法4的食材和做法3剩下的食材倒入冰激凌冷冻机中即可。

笔记

使用无花果和柿子制作的雪酪非常少见，无花果煮过之后再使用的话卫生方面也能得到保障。

西瓜雪酪

WATERMELON SHERBET

(鲜果)　(成本 每100克70日元)

食材

西瓜（新鲜） 600克

柠檬汁 20克

细砂糖 129克

海藻糖 24克

水饴 41克

稳定剂 20克

水（35℃~45℃） 166克

合计 1000克

做法

1 西瓜去皮，果肉切成适当大小。

2 将水和稳定剂倒入料理机，搅拌均匀。

3 加入细砂糖、海藻糖和水饴，搅拌均匀。

4 将做法1的西瓜、做法3的一部分食材和柠檬汁一起倒入料理机搅拌。为了不打碎西瓜籽，让料理机间断运行搅拌。过滤掉西瓜籽。

5 将做法4的食材和做法3剩余的食材倒入冰激凌冷冻机中即可。

白桃雪酪

WHITE PEACH SHERBET

(鲜果)　(成本 每100克50日元)

食材

白桃（新鲜） 400克

柠檬汁 10克

细砂糖 147克

海藻糖 24克

水饴 42克　稳定剂 20克

水（35℃~45℃） 157克

牛奶 200克

合计 1000克

做法

1 白桃削皮去核，切成适当大小。

2 将水和稳定剂倒入料理机，搅拌均匀。

3 加入细砂糖、海藻糖和水饴，搅拌均匀。

4 将做法1的白桃、做法3的一部分食材和柠檬汁一起倒入料理机搅拌。

5 将做法4的食材和做法3剩余的食材倒入冰激凌冷冻机中。

6 1分钟后将牛奶倒入冰激凌冷冻机中即可。

洋梨雪酪

PEAR SHERBET

(鲜果)　(成本 每100克70日元)

食材

洋梨（新鲜） 400克

柠檬汁 20克

细砂糖 135克

海藻糖 22克

水饴 38克

稳定剂 20克

水（35℃~45℃） 365克

合计 1000克

做法

1 洋梨削皮去核，切成适当大小。

2 将水和稳定剂倒入料理机，搅拌均匀。

3 加入细砂糖、海藻糖和水饴，搅拌均匀。

4 将做法1的洋梨、做法3的一部分食材和柠檬汁一起倒入料理机搅拌。

5 将做法4的食材和做法3剩下食材倒入冰激凌冷冻机中即可。

> **笔记**
>
> 西瓜虽然在去籽环节比较麻烦，但并不影响它的受欢迎程度。白桃的魅力就在于丰富的口感。洋梨雪酪的特点就在于丰盈的香气以及入口即化的口感。

番茄雪酪
TOMATO SHERBET

（鲜果） （成本 每100克50日元）

食材

番茄（新鲜） 350克

柠檬汁 30克

细砂糖 168克

海藻糖 28克

水饴 48克

稳定剂 20克

水（35℃~45℃） 356克

合计 1000克

食材

1 番茄去蒂，用水浴法去皮。

2 将水和稳定剂倒入料理机，搅拌均匀。

3 加入细砂糖、海藻糖和水饴，搅拌均匀。

4 将做法1的番茄、做法3的一部分食材和柠檬汁一起倒入料理机搅拌。

5 将做法4的食材和做法3剩下的食材倒入冰激凌冷冻机中即可。

杏雪酪
APRICOT SHERBET

（果泥） （成本 每100克60日元）

食材

冷冻杏泥（加自身重量10%的糖） 300克

柠檬汁 20克

细砂糖 140克

海藻糖 23克

水饴 40克

稳定剂 20克

水（35℃~45℃） 457克

合计 1000克

做法

1 将水和稳定剂倒入料理机，搅拌均匀。

2 加入细砂糖、海藻糖和水饴，搅拌均匀。

3 加入杏泥和柠檬汁，搅拌。

4 将做法3的食材倒入冰激凌冷冻机即可。

笔记

杏的特点就在于清爽的酸甜口味，是和梅子类似的一种水果。

黑加仑雪酪

CASSIS SHERBET

(果泥) (成本 每100克90日元)

食材

冷冻黑加仑泥（加自身重量
10%的糖） 300克

柠檬汁 20克

细砂糖 133克

海藻糖 21克

水饴 38克

稳定剂 20克

水（35℃~45℃） 468克

合计 1000克

做法

1 将水和稳定剂倒入料理机，搅拌均匀。

2 加入细砂糖、海藻糖和水饴，搅拌均匀。

3 加入黑加仑泥和柠檬汁，搅拌。

4 将做法3的食材倒入冰激凌冷冻机即可。

木瓜雪酪

PAPAYA SHERBET

(鲜果) (成本 每100克60日元)

食材

木瓜（新鲜） 300克

柠檬汁 20克

细砂糖 154克

海藻糖 25克

水饴 44克

稳定剂 20克

水（35℃~45℃） 437克

合计 1000克

做法

1 木瓜削皮去籽，切成适当大小。

2 将水和稳定剂倒入料理机，搅拌均匀。

3 加入细砂糖、海藻糖和水饴，搅拌均匀。

4 将做法1的木瓜果肉、做法3的一部分食材和柠檬汁一起倒入料理机搅拌。

5 将做法4的食材和做法3剩余的食材倒入冰激凌冷冻机即可。

笔记

木瓜被称为水果之王，魅力在于它独有的风味以及甘甜。

饭店、咖啡馆的装盘实例⑦

冰激凌和雪酪拼盘

通过冰激凌和雪酪的拼盘可以同时享受到两种不同口味和口感的冰点。

目前为止介绍的雪酪食谱，关于水、细砂糖、海藻糖以及稳定剂的重量都根据食材的不同有所调整，每次都需要重新测量，但是还有一种办法，那就是提前将水、糖类以及稳定剂融合在一起制成糖浆备用，再加入到各种雪酪里即可。使用糖浆制作雪酪的时候就没有必要每次都重新称糖类和稳定剂的重量了。除此之外，加热过的糖浆还有一个优点，就是能让稳定剂更好地发挥作用。

但是，使用糖浆的话，就很难根据水果中的糖分对糖类和稳定剂的用量做出细微的调整。除此之外，虽然没有确切的证据，但是有"用加热过的细砂糖制作出来的雪酪味道更好"的说法。所以，究竟用不用糖浆，取决于制作者自己，本书会介绍用糖浆以及不用糖浆这两种食谱。

糖浆食谱

食材

水　385克

细砂糖　420克

海藻糖　150克

稳定剂　45克

合计　1000克

做法

向巴氏杀菌机中倒入水，待温度达到40℃之后，一点点倒入事先已经混合好的细砂糖、海藻糖和稳定剂。等待120分钟左右即可。

柠檬雪酪

食材

柠檬汁（新鲜）　160克

糖浆　400克

水　440克

合计　1000克

草莓雪酪

食材

草莓（新鲜）　400克

糖浆　390克

水　190克

柠檬汁　20克

合计　1000克

森林莓果雪酪

食材

冷冻的整颗树莓　80克

冷冻的整颗蓝莓　50克

草莓（新鲜）　120克

糖浆　370克　　　水　370克

柠檬汁　10克

合计　1000克

哈密瓜雪酪

食材

哈密瓜（新鲜）　400克

糖浆　325克

柠檬汁　10克

水　65克　　　牛奶　200克

合计　1000克

苹果雪酪

食材

苹果（新鲜） 400克

糖浆 340克

柠檬汁 20克

水 240克

合计 1000克

猕猴桃雪酪

食材

猕猴桃（新鲜） 250克

糖浆 360克

柠檬汁 10克

水 180克　　牛奶 200克

合计 1000克

葡萄柚雪酪

食材

葡萄柚（新鲜） 400克

糖浆 350克

柠檬汁 20克　　水 230克

合计 1000克

橙子雪酪

食材

橙汁（新鲜） 400克

糖浆 350克

柠檬汁 20克　　水 230克

合计 1000克

菠萝雪酪

食材

菠萝（新鲜） 400克

糖浆 340克

柠檬汁 20克

水 240克

合计 1000克

芒果雪酪

食材

芒果（新鲜） 300克

糖浆 340克

水 350克

柠檬汁 10克

合计 1000克

葡萄雪酪

食材

葡萄（新鲜） 300克

糖浆 320克

水 360克

柠檬汁 20克

合计 1000克

蓝莓雪酪

食材

冷冻蓝莓泥（加自身重量10%的糖） 300克

糖浆 310克

水 370克　　柠檬汁 20克

合计 1000克

树莓雪酪

食材

冷冻树莓泥（加自身重量10%的糖） 300克

糖浆 310克

水 370克

柠檬汁 20克

合计 1000克

混合水果雪酪

食材

苹果（新鲜） 100克

香蕉（新鲜） 70克

菠萝（新鲜） 70克

橙子（新鲜） 70克

草莓（新鲜） 40克

糖浆 350克　　　水 280克

柠檬汁 20克　　合计 1000克

红布林雪酪

食材

红布林（新鲜） 250克

糖浆 360克　　　水 380克

柠檬汁 10克　　合计 1000克

油桃雪酪

食材

油桃（新鲜） 400克　　糖浆 325克

柠檬汁 10克　　　水 65克

牛奶 200克　　　合计 1000克

番茄罗勒雪酪

食材

番茄（新鲜） 350克

罗勒 2片　　　糖浆 380克

柠檬汁 80克　　　水 190克

合计 1000克（不含罗勒）

番茄雪酪

食材

番茄（新鲜） 350克

糖浆 400克　　　柠檬汁 30克

水 220克

合计 1000克

无花果雪酪

食材

无花果（新鲜） 300克

糖浆 360克

柠檬汁 10克

水 130克　　　牛奶 200克

合计 1000克

柿子雪酪

食材

柿子（新鲜） 300克

糖浆 360克

柠檬汁 10克

水 330克

合计 1000克

西瓜雪酪

食材

西瓜（新鲜） 600克

糖浆 310克

柠檬汁 10克

水 80克

合计 1000克

白桃雪酪

食材

白桃（新鲜） 400克

糖浆 325克

柠檬汁 10克

水 65克

牛奶 200克

合计 1000克

洋梨雪酪

食材

洋梨（新鲜） 400克

糖浆 320克

柠檬汁 10克

水 270克

合计 1000克

杏雪酪

食材

冷冻杏泥（加自身重量10%的糖） 300克

糖浆 310克

水 380克

柠檬汁 10克

合计 1000克

黑加仑雪酪

食材

冷冻黑加仑泥（加自身重量10%的糖） 300克

糖浆 330克

水 370克

合计 1000克

木瓜雪酪

食材

木瓜（新鲜） 300克

糖浆 370克

柠檬汁 20克

水 310克

合计 1000克

■ 关于制作：制作冰激凌蛋糕时最重要的一个程序就是冷冻，因此蛋糕每重叠上一层都要加入"放入冰库冷冻"这一工序。每种冰激凌大概需要叠5层，全部完成需要两三天，其间穿插着制作其他冰激凌的话，就能够高效地完成制作任务。

■ 关于冰激凌蛋糕的品尝方法：接下来介绍的"冷霜蛋糕"指的是刚从冰库里拿出来的较硬蛋糕，这时的蛋糕口感会发干。将蛋糕从冷库里拿出来之后在箱子中放置30~60分钟，不时用竹扦扎一下，如果中心部分也能轻易扎穿，那么就可以开始享用了。除此之外，如果是外带销售的话，应该在外盒上标明冰激凌种类的名称（参考第11页）、乳脂肪含量以及原材料等。

草莓蛋糕

TORTA ALLA FRAGOLA

说到蛋糕，第一个就会想起草莓蛋糕。草莓蛋糕是冰激凌蛋糕系列中最受欢迎的。草莓清爽的酸味和牛奶冰激凌柔和的甜味非常相配。只有蛋糕才会使用的华丽装饰方法也是其魅力之一。

Torta alla fragola

食材 （成品直径18厘米，高4厘米）

海绵蛋糕　直径18厘米，高1厘米
糖浆（橙子利口酒或樱桃白兰地）　适量
草莓（已洗净灭菌）　200克
牛奶冰激凌（参考第16页）　375克
经典冷霜★　适量
草莓牛奶冰激凌（参考第40页）　375克

做法

1 将海绵蛋糕放入蛋糕模具内，刷上糖浆（图a），
  放入冰箱中冷藏。

2 在模具内侧贴上切片草莓（图b），放入冰箱中冷藏。

3 用裱花袋挤入牛奶冰激凌至模具一半的位置，抹
  平（图c、图d），放入冰箱中冷藏。

4 向草莓牛奶冰激凌中放入切成小块的草莓果肉，
  搅拌均匀（图e）。

5 在模具剩下的空间放入做法4的食材（图f），表面
  抹平，放入冰箱中冷藏。

6 冷藏好之后，用裱花袋挤上冷霜（图g），点缀上
  草莓，再放入冰箱中冷藏即可。

★经典冷霜

食材

淡奶油（乳脂肪含量35%）　750克
意式蛋白霜（参考第131页）　250克
合计　1000克

做法

将打发的淡奶油和意式蛋白霜混合在一起即可。

栗子巧克力蛋糕

TORTA AL CIOCCOLATO E MARON

    栗子和巧克力的组合，是有点奢侈的味觉体验。作为秋冬季节的限定商品，栗子巧克力蛋糕是非常有魅力的冰激凌蛋糕。关于装饰，用巧克力酱画出细密的纹路，从外观上也能感受到这款蛋糕用料的丰富。

Torta al Cioccolato e Maron

食材（成品直径18厘米，高4厘米）

海绵蛋糕　直径18厘米，高1厘米

加入朗姆酒的枫糖浆　适量　　巧克力酱　适量

糖渍栗子冰激凌（参考第54页）　375克

巧克力冰激凌（参考第56页）　375克

经典冷霜（参考第125页）　适量　　巧克力冷霜★　适量

做法

1 将海绵蛋糕放入模具中，刷上加有朗姆酒的枫糖浆，放入冰箱冷藏。

2 加入糖渍栗子冰激凌，高度达到成品蛋糕一半即可，抹平表面，放入冰箱冷藏。

3 模具剩余空间用巧克力冰激凌填满，抹平表面（图a、图b），放入冰箱冷藏。

4 交替挤上经典冷霜和巧克力冷霜，最后淋上巧克力酱，再用牙签拉花（图c、图d），放入冰箱冷藏即可。

★巧克力冷霜

食材

淡奶油（乳脂肪含量35%）　750克　　　巧克力酱　150克
意式蛋白霜（参考第131页）　250克
合计　1150克

做法

巧克力酱放入淡奶油中，打发，再加入意式蛋白霜，轻柔拌匀即可。

阿拉斯加意式冰激凌蛋糕
ALASKA TORTA GELATO

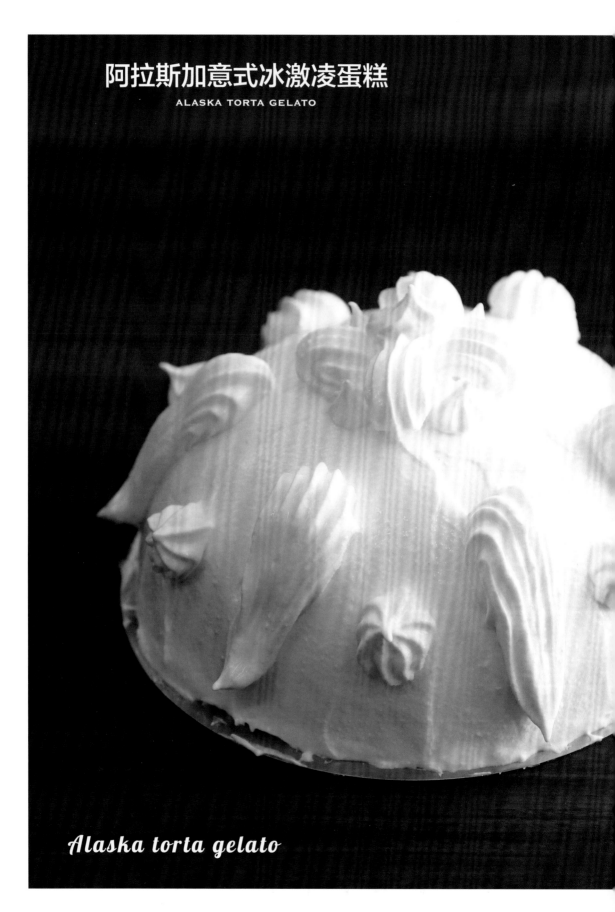

Alaska torta gelato

这是一款视觉上比较有冲击力的冰激凌蛋糕。作为庆贺生日的冰激凌蛋糕深受意大利人民喜爱。插上蜡烛更能营造快乐的氛围。食用的方法也比较独特，在170℃的烤箱里烤制10~15分钟后，拿上桌子再切分。由于蛋糕表面的蛋白霜和海绵蛋糕起到了隔热的作用，所以蛋糕内部的冰激凌不会融化，一个蛋糕可以享受到两种口感。

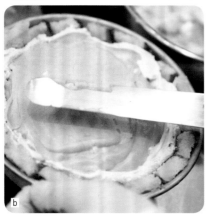

食材 （直径18厘米的半球形蛋糕）

海绵蛋糕　适量

朗姆酒　适量

意式浓缩咖啡糖浆（参考第60页笔记）　适量

香草冰激凌（参考第17页）　500克

巧克力冰激凌（参考第56页）　500克

意式蛋白霜（参考第131页）　适量

做法

1 将海绵蛋糕切成5毫米厚的条，一条一条摆满半球形模具的底部（图a），轻轻洒上朗姆酒，放入冰箱冷藏。

2 在海绵蛋糕上涂抹香草冰激凌，放入冰箱冷藏。

3 再涂抹巧克力冰激凌，抹平表面（图b），放入冰箱冷藏。

4 在蛋糕表面刷上意式浓缩咖啡糖浆，将其盖在冰激凌上，切除多余的部分（图c、图d）。放入冰箱冷藏。

5 将冰激凌蛋糕从模具中取出，用意式蛋白霜覆盖表面。放入-20℃以下的冷冻区保存。

6 食用前将蛋糕放入170℃的烤箱中烤制10~15分钟，搬上桌之后再切开分食。

食材

蛋清　500克

细砂糖　1000克

水　200克

柠檬汁　少许

合计　1700克（制作完成后约1520克）

做法

1　蛋清用打蛋器打发（图a、图b）。

2　细砂糖、水和柠檬汁加入锅中加热。

3　锅中沸腾之后转小火，煮的时候要观察细砂糖是否完全化开（图c）。

4　叉子头朝下插入做法3的锅中拿起来，朝着叉子齿间吹气，煮到能吹出泡泡的状态即可（图d）。

5　向做法1的打发蛋白中慢慢加入做法4的食材，中速搅拌（图e）。

6　搅拌至蛋白霜变凉（图f），取出转移到其他容器里。

冰激凌蛋糕要使用到意式蛋白霜。用意式蛋白霜和淡奶油制成的冷霜蛋糕指的是冰激凌蛋糕从冰箱里拿出来后刚解冻的状态，拥有湿润的口感，非常美味。

提拉米苏意式冰激凌蛋糕
TIRAMISU TORTA GELATO

活用以马尔萨拉葡萄酒、蛋黄和细砂糖为原料制成的萨维尼来制作的提拉米苏意式冰激凌蛋糕，洋溢着一种成熟的氛围。装在正方形的容器里或者小杯子里出售，都是非常吸引人的商品。

Tiramisu torta gelato

食材 （分量配合容器大小）

海绵蛋糕　适量
意式浓缩咖啡糖浆（参考第60页笔记）　适量
冷霜萨维尼★　适量
可可粉　适量

做法

1 在容器底部铺上海绵蛋糕，淋上意式浓缩咖啡糖浆（图a），放入冰箱中冷藏。

2 铺上冷霜萨维尼，抹平表面（图b），放入冰箱中冷藏。

3 用冷霜萨维尼做装饰（图c），放入冰箱中冷藏。

4 最后撒上可可粉即可（※撒上可可粉之后将蛋糕放入急速冷冻机中的话，可可粉会飞得到处都是，需要注意）。

★冷霜萨维尼

食材 （分量配合容器大小）

淡奶油（乳脂肪含量35%）　750克
萨芭雍酱（参考第60页）　70克
意式蛋白霜（参考第131页）　250克
合计　1070克

做法

将淡奶油拌入萨芭雍酱里，再加入意式蛋白霜。用不会破坏蛋白霜完整性的手法轻轻搅拌。

打包、装杯操作实例

接下来介绍外带冰激凌的装杯方法。通过使用透明的杯子，可以看到冰激凌好看的侧面纹路。用水果装饰之后，从外表看上去就像一个小型的蛋糕。除此之外，还应该在事先打包好的外带包装上贴标识，写明冰激凌种类（参考第11页）、乳脂肪含量以及原材料名称等。

向大受欢迎的意式冰激凌专营店取经

拍摄协助/"后藤家甜蜜故事冰激凌店（GOTOYA Dolce RACCONTO）"

地址/日本岐阜县岐阜市美园町2-9

网址/ http://www.racconto.co.jp/

在本书的最后，笔者想来介绍如何打造一家意式冰激凌专营店。那么首先登场的是位于日本岐阜市的人气店铺"后藤家甜蜜故事冰激凌店"。

该店历史悠久，1985年舟守定嗣先生和他的妻子寿子女士在岐阜市徽明町开了这家店。这家店在原地址开了15年之后，由于寿子女士要回娘家继承和食店"后藤家"，于是就暂时关闭了这家意式冰激凌店。虽然关闭了专营店，但是他们继续通过后藤家的甜点部门制作销售意式冰激凌。由于很多食客期盼着专营店能够继续营业下去，于是在2015年专营店又重新开业了。这就是现在位于岐阜市美园町的后藤家甜蜜故事冰激凌店。舟守夫妇二女儿亚友美小姐的丈夫择木和也先生担任店长，在冰激凌的制作上不仅延续了冰激凌店之前的风格，在此基础上还更上一层楼。关于这家店的更多信息，会在第138页和照片一起进行介绍。

图1、图2、图3中的后藤家甜蜜故事冰激凌店店铺选址在"后藤家和风料理"旁边。他们在店前装了巨大的落地窗，将店铺打造成采光好、非常通透的样子，营造一个对食客来说轻松且自在的氛围。冰激凌专营店的装潢虽然会根据选址以及规模发生改变，但该店作为扎根于当地的意式冰激凌专营店，其宗旨就是要为来店里的客人营造一个能够小憩一下的氛围，因此而大受好评。图4中为1985年开店的舟守定嗣先生和寿子女士夫妻（照片左）、继承了该店的择木和也先生和亚友美小姐夫妻（照片右），以及2015年在新址重新开业的后藤家甜蜜故事冰激凌店。

图1中的冰激凌展柜可以说是一家意式冰激凌专营店的门面了。后藤家甜蜜故事冰激凌店的展柜中也陈列着看起来非常美味、色彩斑斓的冰激凌。图2中是该店常年的招牌商品"派派派"。该商品由三层牛奶冰激凌和面包重叠制成。除此之外，还有能够品尝到苹果自身新鲜美味的商品"苹果"、深受食客欢迎的使用了多种莓类的"森林之莓"，还有使用当季水果制成的雪酪也大受好评。图3、图4为使用冰激凌勺给冰激凌造型以及将制作完成的冰激凌交给顾客时的笑脸。这种亲切的生活气息感以及温情的招待也是提高意式冰激凌专营店魅力的要素。

一般情况下，都如图1那样由顾客选择自己喜欢的两个口味拼在一起。在后藤家甜蜜故事冰激凌店，基本商品为可以选择两个球的"单筒（双色）"冰激凌，售价为380日元。照片中为"草莓"和"奥利奥"口味。图2中为售价480日元的"双筒（三色）"冰激凌，照片中为抹茶、奶油和西瓜口味。图3中非常有视觉冲击感的是"七色冰激凌"，售价780日元。图片中包含开心果、黑加仑、桃子和猕猴桃等口味，令人震惊的外观也能带给客人不一样的快乐体验。除此之外还有杯装的售价为460日元"S杯（140毫升）"和售价为1380日元"M杯（500毫升）"的冰激凌。

1

2

3

图1，在后藤家甜蜜故事冰激凌店，花530日元就可以享受到"蛋糕和冰激凌"或"水果和冰激凌"的组合，这样的组合赋予了意式冰激凌极大的多变性。照片中的"蛋糕和冰激凌"组合使用蒙布朗和森林之莓制成。蛋糕是店铺自己制作的，还可以选择提拉米苏或者芝士蛋糕。图2中为"水果和冰激凌"组合中的一种。冰激凌选用的是"派派派"，水果则选用了菠萝、猕猴桃、苹果、樱桃等，用多彩的水果进行了装点。图3、图4中为将意式浓缩咖啡液淋在冰激凌上品尝的阿芙佳朵，这在意大利是非常有人气的一种吃法，通过把咖啡液淋在冰激凌上，能够品尝到意式冰激凌别样的美味。

意式冰激凌专营店的经营要点

产能和利润率决定一家意式冰激凌专营店是否具有经营优势

最后总结一下，要开一家意式冰激凌专营店需要事先做好功课。

首先，在经营方面，意式冰激凌有一个优点，那就是在甜点中它的生产性高。举个例子，西式甜点店铺的师傅花一天时间制作出来的甜点营业额在5万日元左右。与此相对地，意式冰激凌店铺的师傅一天可以创造20万日元以上的营业额。因为只需要把食材放入冰激凌冷冻机中，等待10分钟左右即可，所以意式冰激凌的生产性是非常高的。

不仅如此，意式冰激凌还有制作成本低、利润高的优势。本书中记载了各种冰激凌的成本价格，如果100克（容量为120毫升）的冰激凌以300日元的价格出售，那么很多冰激凌的成本大概不到售价的20%。虽然雪酪根据使用水果的不同成本会发生变化，但是作为主食材的水和细砂糖能够更好地压低成本。对于意式冰激凌专营店来说，高产能和高利润能够让其保持经营优势。

制作意式冰激凌只需要把食材倒入冰激凌冷冻机中，制作时间较短、生产性非常高。

在销量下滑的冬季所需要的经营对策

除此之外，意式冰激凌专营店还有一个需要攻克的问题，那就是夏季和冬季的营业额差距会非常大。如果店铺是在商场内，那么冬季的意式冰激凌店铺相对来说也许还不会那么萧瑟，但即便是这样，冬季的销量比不上夏季也是非常普遍的现象。在意大利，有些店铺会选择在冬季停业两个月。因此考虑到旺季与淡季营业额的差距，制定切实的年销售目标，从而有计划地进行人员雇用等十分重要。

针对冬季销售，还有一个方法就是改变冰激凌展柜中盛放冰激凌容器的大小。冬季冰激凌销量不好的时候，如果一直销售之前没有卖完的冰激凌，就会陷入恶性循环，所以为了防止这种现象的产生，建议更换盛放冰激凌的容器。

改变容器大小的第一个方法为，将通常使用的4升容器换成2升的，与此同时，制作冰激凌的时候用量也减半，这样可以加速售空。像第143页图1中，将容器换为较浅的即可。

还有一个方法就是，如同图2，将一部分盛放冰激凌的容器换为面积增大一倍、高度缩小一半的容器，然后减少冰激凌的种类。像这样，在淡季也要下功夫维持商品质，保证一整年销售的都是高品质的意式冰激凌是非常重要的。

展柜除了美观外，品质管理也很重要

对于意式冰激凌专营店来说，展柜就是这家店的门面。虽然将各种颜色冰激凌摆成色彩均衡的样子也很重要，但是选择一台以温度管理为首的性能良好的展柜也是不容忽视的。展柜有卧式冷冻柜和立式冷冻柜，根据实际需求来选择展柜的种类是很重要的。

除此之外，将冰激凌放入展柜之后，由于冷风的吹拂，冰激凌表面或多或少都会出现干燥或者变色的现象，因此将冰激凌提供给客人之前，记得将表面的部分去掉，以最新鲜的样貌把冰激凌递给客人。

冰激凌的表面如果有装饰的话，应该从靠近店员的这边用冰激凌勺挖出，因为冰激凌接触空气的面积增大容易变干，这点需要注意。为了防止冰激凌表面干燥，冰激凌接触到空气的面积越小越好。比如，我们会在一些冰激凌表面抹出细小的花纹，这种情况下，细小的花纹增加了冰激凌与空气接触的面积，会加速冰激凌表面变干，这种情况是必须要考虑的。所以一定要培养一个意识，那就是展柜的作用不仅仅是用来展示冰激凌的美丽外观，更在品质的管理上起到了很大作用。

冰激凌的自产自销以及可以灵活使用瑕疵品的商品

由于制作意式冰激凌时会使用到各种各样的水果以及蔬菜，所以当店制作、当店销售以及新产品研发都是意式冰激凌专营店的魅力。使用当地特有食材制作出来的冰激凌肯定会大受好评。

除此之外，用于制作冰激凌的水果或者蔬菜，即使是外观不太美观的瑕疵品，只要味道没有发生变化，依旧可以投入使用。能够有效利用外观不好的瑕疵品投入制作也是意式冰激凌的优点。

和当地的食材供应商建立良好的关系，使用他们提供的原材料进行新产品的开发，这也是许多意式冰激凌专营店所追求的一种经营方式。

意大利当地也在不断对冰激凌进行创新

作为新产品开发的参考，有必要稍稍把握意大利的冰激凌行业动向。

在意大利，一般来说商品也不外乎由水果类、坚果类以及巧克力类构成，但最近每个种类也都发生了一些小变化。比如，在水果类的意式冰激凌中，增加了酸奶口味、使用两三种水果（比如猕猴桃、香蕉、菠萝）混合制成的冰激凌大受好评。除此之外，在巧克力类的意式冰激凌中，出现了能够品尝到当地（厄瓜多尔、马达加斯加、牙买加）咖啡风味的产品。

像这样，即便是原产地也在随着时代改变不断地进行创新，这就是意式冰激凌。在有着丰富食材的中国，接下来应该能够开发出更多有魅力的新口味吧。我认为意式冰激凌师通过向这样的可能性发起挑战，创造出更多的美味，一定能够让食客们感到满足。

销量减少的冬季对策

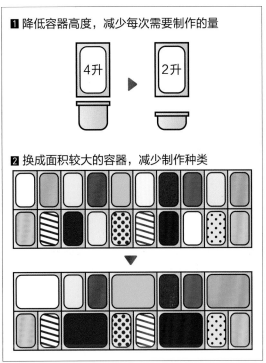

1 降低容器高度，减少每次需要制作的量

4升 ▶ 2升

2 换成面积较大的容器，减少制作种类

在淡季，可以通过改变柜台中陈列冰激凌的容器大小来减少制作的量以及种类。

对于在展柜中陈列着的意式冰激凌，不仅需要给它们制作出美丽的外观，在品质的管控上也必须要下功夫。

图书在版编目（CIP）数据

开家意式冰激凌店 /（日）根岸 清著；孙中荟译. —北京：
中国轻工业出版社，2024.6
ISBN 978-7-5184-2853-3

Ⅰ.① 开… Ⅱ.① 根… ② 孙… Ⅲ.① 冰激凌 – 制作
Ⅳ.① TS277

中国版本图书馆CIP数据核字（2019）第289986号

责任编辑：王晓琛   责任终审：劳国强
整体设计：锋尚设计 责任校对：晋 洁   责任监印：张京华

出版发行：中国轻工业出版社（北京鲁谷东街 5 号，邮编：100040）
印　　刷：北京博海升彩色印刷有限公司
经　　销：各地新华书店
版　　次：2024年6月第1版第4次印刷
开　　本：787×1092 1/16 印张：9
字　　数：200千字
书　　号：ISBN 978-7-5184-2853-3 定价：98.00元
邮购电话：010-85119873
发行电话：010-85119832 010-85119912
网　　址：http://www.chlip.com.cn
Email：club@chlip.com.cn
版权所有 侵权必究
如发现图书残缺请与我社邮购联系调换
240713S1C104ZYW